合格力アップ！

公立中高一貫校

ジャンル別
の適性検査

「理科分野」
問題集

公立中高一貫校
合格アドバイザー ケイティ＝著

実務教育出版

JN026662

はじめに

　はじめまして！この問題集を書いたケイティです。

　本書では「KT犬」としてたくさん登場するので、いっしょに楽しみながら適性検査の対策をしていきましょう。

　みなさんは、適性検査の問題を解いたことはありますか？

　解いたことがある人は、「適性検査って面白い！」と思う一方で、「どう対策していけばいいんだろう…」という気持ちになったのではないでしょうか。この本では、小学校で習う知識が適性検査でどう使われるのかを、わかりやすくまとめています。この1冊で合格に必要な知識の土台を作り、厳選した過去問で演習することで効率よく力をつけていくことができますよ。

　まだ解いたことのない人は、これから志望校合格に向けて、適性検査の"専門家"に変身していく必要があります。そのための第一歩の本だと思ってください。

　この問題集ではたくさんの実験が登場しますが、適性検査の理科分野では、身近なものと理科の知識を組み合わせた問題がたくさん出題されてきました。

　たとえば、
・洗濯物が乾くまでにかかる時間と気温の関係
・水にしずむ野菜、浮かぶ野菜のちがい
・風で飛びやすいタンポポの綿毛の特徴

など…。

　このように、身の回りにあるものや日常生活と関わりが深いものが実験のテーマに取り上げられることがほとんどです。

　だからこそ、教科書やインターネットで仕組みを知ったと満足するのではなく、「どうやったら自分でも確かめられるんだろう？」「身近なところでは何に使われているんだろう？」といった疑問を大切にしてくださいね。自分の手を使ったり目で見たりして深く理解することを意識すると、解ける問題が増えていきますよ。

　「深い理解」というのは、知識として知っていることはもちろん、その現象が起きる理由や、その現象を確かめる方法についても、自分の言葉で説明できるレベルになっていることを意味します。

この問題集では、学校で習う知識を土台にしながらも、教科書に載っていないようなこともイラストを使って紹介しています。ぜひ楽しみながら読んで、幅広い知識をたくわえてください。そして、気になったことについて、調べるきっかけになればうれしいです。

　問題集を解いていく途中で、苦手だなと感じるジャンルもあると思います。
　たとえば、「回路と電流」や「電磁石」は苦手とする子が多いです。
　しかし、そういった苦手ジャンルを見つけることも、この問題集を取り組む目的の１つと言えます。

　「苦手かも…」と感じたジャンルほど、ていねいに「ポイント」や「合格力アップのコツ」を読むようにしてください。そして、例題や過去問チャレンジを通して、どんな風に適性検査の問題になっているのか分析するつもりで解いてみましょう。

　独特で個性豊かに見える適性検査も、似たような問題は全国にたくさんあります。この問題集でしっかり基本をおさえたら、全国の問題や志望校の過去問をどんどん解いて、実力アップにつなげてくださいね。

　本書が、これから始まる受検生活の心強いパートナーになることを願っています。

公立中高一貫校合格アドバイザー
ケイティ

合格力アップ！

公立中高一貫校
頻出ジャンル別はじめての適性検査
「理科分野」問題集
もくじ

第1章 エネルギー

第 2 章 性質

これからキミが対策を始める適性検査には、「学校のテストとはちょっとちがう」と感じるような問題がたくさん登場するよ。また、あまりなじみのない生き物や専門用語が出てきたり、何かを確かめるための実験の手順を自分で考えたりする問題も出たりするので、どんな問題でも落ち着いて解読する必要があるんだ。そんなちょっと変わった適性検査に少しでも慣れるように、この問題集では、同じジャンルの問題ごとにグループ分けしているよ。まずは覚えるべきポイントをつかみ、例題や実際の過去問で練習していこう。この1冊が終わるころには、「理科」分野に出てくるさまざまなタイプの問題が得意になっているはずだ！　一緒にがんばろうね。

登場人物

KT犬
甘いものには目がない
適性検査のスペシャリスト

対策を
始めた
ばかり

少年
実験は大好きだけど、
記述はまだまだこれから

少女
理科は好きだけど、
電流はちょっと苦手…

取り組みの流れ

❶ まずはポイントをつかもう！

学校で習うことの中で、特に適性検査にも
よく登場する点をおさらいしよう！

完璧に
おさえたい
ポイント

✨・ポイント・✨

【回路の性質を覚えよう】
乾電池の＋（プラス）、豆電球、乾電池の−（マイナス）を輪っかになるようにつなぐと、豆電球に明かりがつく。この輪っかのことを「回路」と言う。

電気を通すものを回路の途中に入れると、豆電球は光る。たとえば、鉄やアルミニウム、銅などの金属をつなぐと光る。プラスチックや木、ガラスでできたものをはさむと、電気を通さないため、光らなくなる。

まずは基本が
大事！

❷ 適性検査ならではのコツを伝授！

> 志望校合格に向けて、覚えておいて
> もらいたいことをまとめたよ！

メモメモ…

👉 合格力アップのコツ

回路に関する実験には注意事項があるよ。実験したときに教わったはずだから、復習しておこう！

⚠️ショートして熱くなってやけどのおそれがあるので、乾電池と導線だけをつないだ回路にしない

⚠️正しい回路なのに光らないとき➡豆電球のソケットをしっかりしめる、導線を新しくする、乾電池を新しいものにする、など1つずつ原因を確認する

⚠️磁石にくっつくのは鉄、電気を通すのは金属（鉄もふくむし、銅やアルミニウムも）。ややこしいので、混乱しないように！

❸ 確認したポイントを使って、例題を解いてみよう！　巻末にある解答欄を使ってね。

> ちゃんと理解できているか、
> 基本問題でチェック！

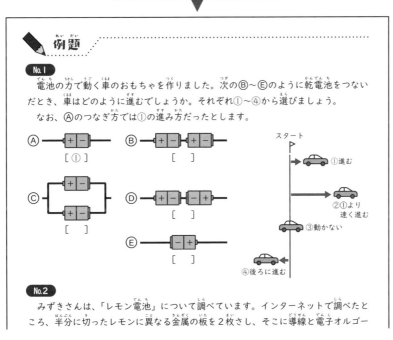

✏️ 例題

No.1

　電池の力で動く車のおもちゃを作りました。次の®〜⑤のように乾電池をつないだとき、車はどのように進むでしょうか。それぞれ①〜④から選びましょう。

　なお、⑥のつなぎ方では①の進み方だったとします。

難しく考え過ぎず、シンプルに答えよう！

No.2

　みずきさんは、「レモン電池」について調べています。インターネットで調べたところ、半分に切ったレモンに異なる金属の板を2枚さし、そこに導線と電子オルゴー

❹巻末にある解答欄を使って、過去問に挑戦しよう！

ポイントや例題で身につけた知識で、実際の過去問に挑戦だ！

おっ！
解けるかも!?

面白い問題が
いっぱい！

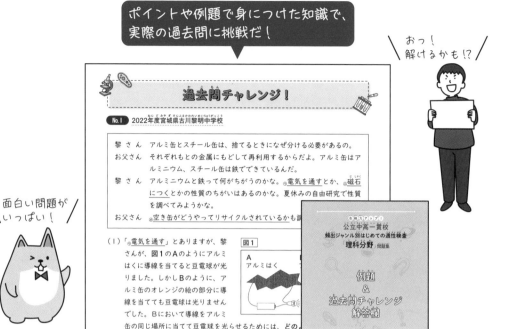

解答・解説の使い方

　本書は、例題のあとに解答・解説、過去問チャレンジのあとに解答・解説があるので、取り組んですぐに解き方を確認できるようになっているよ。解きっぱなしにせず、しっかり自分でマル付けをしてから次に進もう！

解説の確認が一番大切！

少しでも自分の答えと
ちがっていたら、
ノートに写そう。
記述は写すのも
上達の近道！

大事なテクニックを
詰め込んだよ！

正解しても必ず
目を通しておいてね。

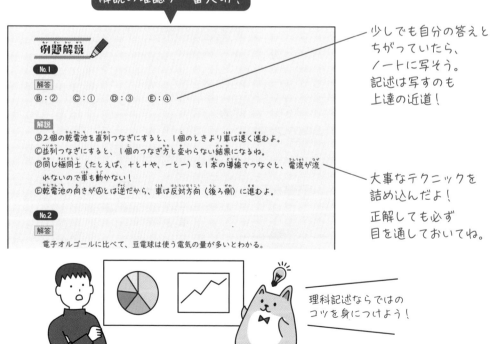

理科記述ならではの
コツを身につけよう！

解説動画について

難易度の高い問題については、考え方のコツもふくめて動画で解説をしているよ。

解説動画アリ 🐜 のマークがついているので、ぜひチェックしてみてね！

動画の見方がわからない人は、保護者の方に相談しながら、一緒に確認してね。

❶ こちらのQRコードからサイトにアクセス

もしくは、こちらのURLからアクセス

https://www.youtube.com/channel/UCgIvMjzbDGNh3_BFo6kH6eA

❷ 見たい問題を選んで、視聴しよう！

過去問について

• 過去問チャレンジの問題は、一部変更しているものもありますが、基本的にはなるべくオリジナルに忠実な形で抜き出し、掲載しています。そのため、問題が（1）ではなく（2）から始まったり、下線部が③から始まったりするなど中途半端な数字がついていることがあります。また、同じ漢字でもふりがなを振ってあるもの、振っていないものなど、問題によってばらつきがあります。これらは、過去問をできるだけ加工せずに使用しているためです。

• 解答例が公表されていない問題につきましては、筆者の方で解答例を作成しております。具体的には、以下が該当します。

P22：2022年度山口県共通問題
P39：2022年度京都市立西京高等学校附属中学校
P79：2019年度鹿児島市立鹿児島玉龍中学校
P139：2022年度宮崎県共通問題
P178：2021年度さいたま市立浦和中学校

攻略しよう！全国の適性検査

エリアごとの「理科」分野の特徴を紹介するよ。

自分が受ける学校と似たタイプのところを解いたり、自分が苦手とするジャンルの問題を練習したりするために参考にしてね！

なお、北海道、神奈川県（県立中学）、群馬県の公立中高一貫校は「理科」分野の出題がないため、のぞいているよ。

	エリア	特徴
A	東北	理科の授業でノートにまとめた知識から出題される。ある程度の暗記も必要だが、丸暗記ではなく、根本的な理解をしていないと説明できない記述問題も出題される。
B	北関東・甲信越	複雑な手順や計算がからむ実験も出題されるが、何を行っているのか情報整理と読解さえできれば、答えは出しやすい。知識量の多さによって、感じる難易度に差が出るエリア。
C	埼玉	伊奈学園や川口、浦和は理科の知識量が得点に直結する。特に川口、浦和の理科は全国的に見てもレベルが高く、取り組む時期には注意が必要。
D	千葉	小学校で習わないような実験問題も多数登場する。使われるデータも多く、何が行われているのかしっかり読み進めないと理解できない難問がそろっている。記述量は少ない。
E	東京（都立・区立）、神奈川	暗記知識は必要ないが、身近な生き物や身の回りの現象について、好奇心を持って自ら実験したり調査したりした経験があれば、より理解しやすく記述もしやすくなる。区立九段に関しては問題数も多く、素早く資料の内容を理解する力が必要。また、横浜サイエンスフロンティアでは見慣れない資料や専門用語が大量に使用されるため、理科の幅広い分野に対して強い関心が必要。

F	東海・北陸	理科知識の暗記が必要なエリア。福井高志は非常にハイレベルで、理科分野でも計算問題が多数出題される。静岡、石川は取り組みやすい。令和7年から新規導入が決定している愛知に注目が集まる。
G	近畿	教科書で習った知識をもとに対応できる滋賀は取り組みやすいが、それ以外は全国的に見ても最難関と言えるエリア。暗記も必要だが、根本的に理屈を理解していないと対応できない問題ばかり。計算力、複雑な資料を読み取る力、すべてが高いレベルで試される。
H	中国	身近な現象や小学校で行った実験に近いものが、出題テーマとしてあつかわれる。どのように実験を組み立てればよいか計画させる問題も多い。
I	四国・九州・沖縄	知識が必要な問題もあるが、取り組みやすいエリア。すべての力がバランスよく試される。

※2023年2月時点での分析であり、年度によって傾向の変化があることをご理解の上で、ご参考ください。

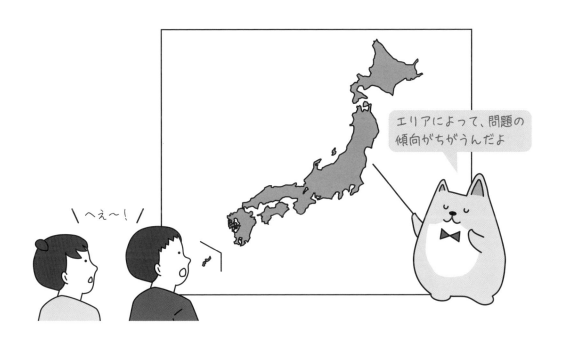

ここからは、各エリアの「理科」分野の特徴をグラフにするよ。
志望校と近い学校をチェックするために使ってね。

次の基準をもとに、3つの力のバランスをグラフにしたよ！
【たて軸】知識力…前提となる知識や一般常識の必要性、暗記事項の必要性。上に
いくほど、暗記した方が有利な問題が多い。
【横軸】計算力…1問あたりに必要な計算量、計算手順の複雑さ。右にいくほど、計
算量や計算の複雑さが上がるため、正確さやスピードが求められる。
【円の大きさ】記述力…1問あたりの文字数、記述問題の量、説明に入れないといけない情報の多さ。円が大きければ大きいほど、記述の訓練が必要になる。

理科分野の問題と言っても、ほぼ計算で解くような算数に近いものもあれば、実験を組み立てたり理由を考察したりする長い記述が必要なものもある。知識がないと解けない問題が出るかどうかで対策は異なるから、まずはたて軸を確認しよう。真ん中よりも上に位置しているエリアの学校を受検する場合は、知識は一朝一夕で暗記できるものではないので、早めの対策が必要だよ。

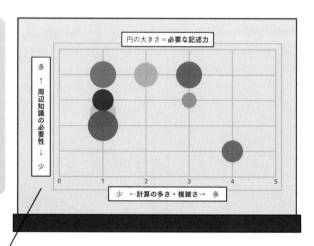

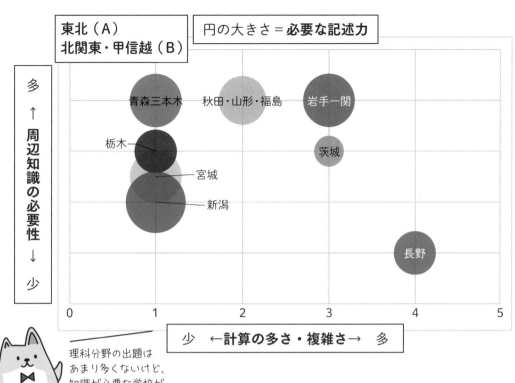

東北（A）
北関東・甲信越（B）

円の大きさ = **必要な記述力**

多 ↑ 周辺知識の必要性 ↓ 少

青森三本木
秋田・山形・福島
岩手一関
栃木
宮城
茨城
新潟
長野

0　1　2　3　4　5

少　←計算の多さ・複雑さ→　多

理科分野の出題は
あまり多くないけど、
知識が必要な学校が
ほとんど。

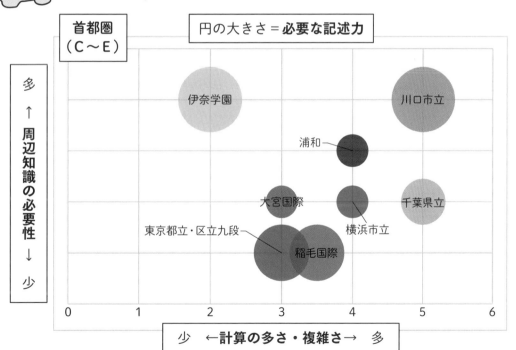

首都圏
（C〜E）

円の大きさ = **必要な記述力**

多 ↑ 周辺知識の必要性 ↓ 少

伊奈学園
川口市立
浦和
大宮国際
千葉県立
東京都立・区立九段
横浜市立
稲毛国際

0　1　2　3　4　5　6

少　←計算の多さ・複雑さ→　多

どちらかというと
知識不要な学校が多いけど、
とにかく資料が多いので、
説明の意味を理解するのが
大変だよ。

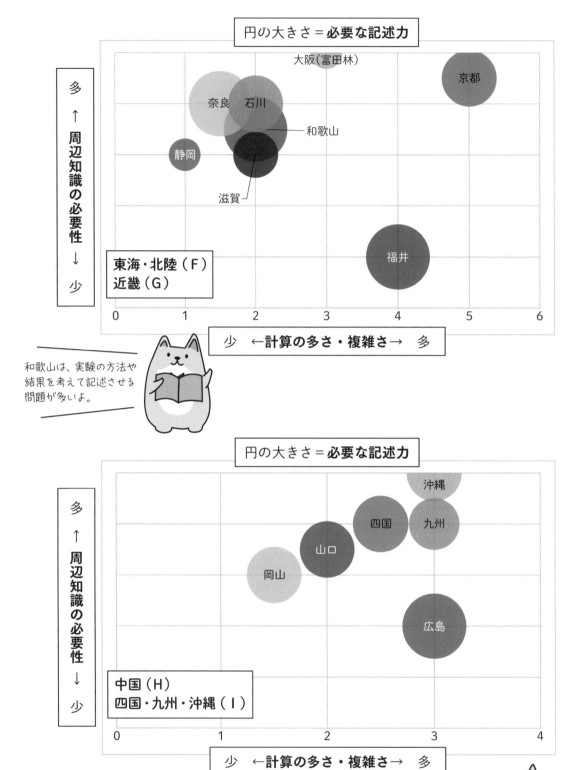

円の大きさ＝必要な記述力

多 ↑ 周辺知識の必要性 ↓ 少

少 ←計算の多さ・複雑さ→ 多

大阪（富田林）
京都
奈良　石川
和歌山
静岡
滋賀

東海・北陸（Ｆ）
近畿（Ｇ）

福井

和歌山は、実験の方法や
結果を考えて記述させる
問題が多いよ。

円の大きさ＝必要な記述力

多 ↑ 周辺知識の必要性 ↓ 少

少 ←計算の多さ・複雑さ→ 多

沖縄
四国　九州
山口
岡山
広島

中国（Ｈ）
四国・九州・沖縄（Ｉ）

広島は特に難しいエリアだよ。
あたえられた情報から実験を考え、
相手に伝わるよう説明する
必要がある。

第 1 章

エネルギー

光の性質

光に関する問題は、図に書き込むような形式で出題されることが多いよ！
コツさえつかめば同じルールで解ける問題ばかりなので、慣れておこう！

✦✦ ポイント ✦✦

光の性質を覚えよう！
①光はまっすぐ進む
②光を鏡に当てると、当てたときと同じ角度で反射する
③光を集めると、より温かく、より明るくなる
④光は異なる物質を通るとき、その境目で折れ曲がって進む

合格力アップのコツ

光に関する実験には注意事項があるよ。実験したときに教わったはずなので、復習しておこう！

・反射させた光を人に向けない
・虫メガネを使って長時間同じ場所に光を集中させたり、衣服などに当てたりしない
・虫メガネで太陽を見ない
・重ねた光を長時間見ない

まぶしい！

例題 ....

No.1

照明器具には、右の図のような「かさ」が付いているものが
あります。このような仕組みの理由を、「かさ」がない場合の明
るさと比べながら説明しましょう。

No.2

次のように光を当てたとき、どのように光が進んでいくか、書き込みましょう。

例
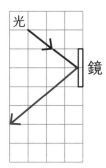
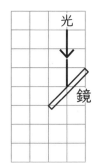
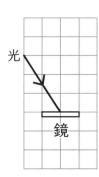
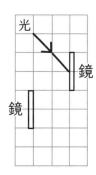

No.3

①②のように、虫メガネを2本用意し、黒い画用紙に太陽の光を集めました。
このとき、画用紙がこげ始めるのが早いのは、虫メガネA、Bどちらでしょうか。
理由もあわせて説明しましょう。

①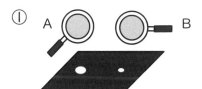

A、Bは同じ虫メガネとします

②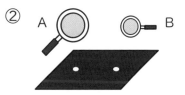

Aは大きな虫メガネ、
Bは小さな虫メガネ

例題解説

No. 1

解答

かさがない場合は、電球の周囲のさまざまな方向へ光が進むが、かさがあることで、電球からかさの内側に反射した光が下側に集まり、照明の下がより明るくなるから。

解説

下図のように、かさの内側で反射が起こって照明の下を明るく照らすよ。

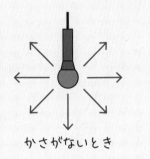

かさがないとき

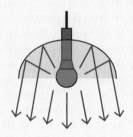

No. 2

解答

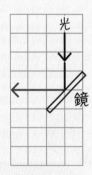

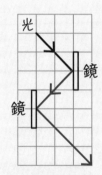

解説

次の図のように、鏡に向かって進んだ光は、アとイの角度が同じになるようにはね返る。

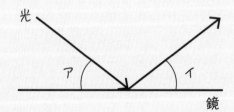

この例題のように、マス目を使った作図問題はよく見かけるよ。ちょうど頂点を通る場所を見つけるのがコツ！

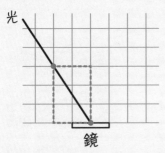

ステップ①
頂点を通る一番小さい四角を見つける。
たて3マス、横2マスの四角を発見！

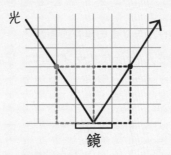

ステップ②
反対側に同じ距離（たて3マス、横2マス）
進んだところに印を付ける。反射した点と
その点を結び、そのままのばす！

No.3

解答

① B

理由：集める日光の量は同じでも、Bの方がより小さい点に太陽の光を集中させているため、AよりBの方が早くこげる。

② A

理由：大きな虫メガネの方がより多くの日光を集められるため、Bより大きいAの方が早くこげる。

解説

虫メガネを使うと、日光を小さな円の形に集めることができます。その円が小さくなればなるほど、光は集中し、より明るく、より高い温度になります。実験するときは、危険なので周りに燃えやすいものがないかをよく確認し、画用紙以外には光を当てないように気をつけよう。

なんか熱い…

危険なので、画用紙以外に光を当てないでね！

過去問チャレンジ！

No. 1 2022年度山口県共通問題

こうきさんたちのクラスでは、社会見学で3つの施設に見学に行きました。

（1）博物館では、オリンピックに関する資料が展示してあります。こうきさんは、**図1**の採火式の様子の写真を見て、かすみさんと話をしています。あとの問い①〜③に答えましょう。

図1 採火式の様子

公益財団法人東京オリンピック・パラリンピック競技大会組織委員会ウェブサイトから

図2 実験の様子

こうき：反射した光で火がつくなんてびっくりだね。

かすみ：そうだね。反射した光が1か所に集まっているからだろうね。

こうき：そういえば、理科の授業で鏡を使って光を反射させる勉強をしたよね。

図3 光を地面に当てたときの様子

①見学した次の日、こうきさんは友達と光の集まり方で明るさや温度がどのように変化するか調べるために、次の【実験】をすることにしました。

【実験】　　　　　　　　　　　　　　　【実験で使う鏡】

実験a　右のような鏡を1枚使って、はね返した日光を**図2**のまとに3分間当てる。

実験b　実験aのすぐ後に、実験aの鏡と同じものを4枚準備し、**図2**のようにまとに光を集め、3分間当てる。

実験bでは、実験aと比べて明るさと温度はどのように変化するか、明るさを**ア〜ウ**の中から、温度を**エ〜カ**の中からそれぞれ1つずつ選び、記号で答えましょう。

明るさ　（**ア**　明るくなる　**イ**　暗くなる　**ウ**　変わらない）

温度　　（**エ**　高くなる　　**オ**　低くなる　**カ**　変わらない）

②こうきさんは、**実験a**で使った鏡を使って、反射した光がどのように進むか調べることにしました。**図3**は、建物のかげになっている場所で、鏡に反射させた光を地面に当てたときの様子です。**図3**の光の道すじの様子から、光にはどのような性

質があるか答えましょう。

③ こうきさんは、光に関することを調べる中で、鏡に自分の姿が見えることも光の反射によるものだということがわかりました。次の**ア～カ**の中で、光の反射で説明できるものを3つ選び、記号で答えましょう。

ア タブレットたん末の画面でウェブサイトが見える

イ 水たまりに雲が見える

ウ 西の空に太陽が見える

エ 車のバックミラーに後ろの車が見える

オ ろうそくのほのおが見える

カ 空に満月が見える

//

No. 2 2018年度愛媛県共通問題（ねんどえひめけんきょうつうもんだい）

4 次の文章は、ゆうたさんが、雨上がりの時に見た虹（にじ）について、まなみさんと話し合っている場面の会話文です。この文章を読んで、下の（１）、（２）の問いに答えてください。

ゆうた　昨日、大きな虹がはっきりと見えたね。

まなみ　そうね。虹は、太陽の光が、空気中の雨つぶに当たって、折れ曲がったり反（はん）射（しゃ）したりすることでできるのよ。この前、テレビの科学番組で言っていたわ。

ゆうた　光の反射と言えば、学校で、太陽の光を、鏡を使って反射させたことがあったね。

まなみ　私（わたし）は、鏡で反射させたときの光の進み方を、**図1**のような実験で調べてみたことがあるわ。

ゆうた　実験結果の**表**を見ると、鏡に入る光の角度**A**と鏡ではね返った光の角度**B**は、同じになるということがわかるね。じゃあ、光が雨つぶに当たるときは、どのように進むのかな。虹には、赤、黄、むらさきなどの色があることと関係あるのかな。

まなみ　太陽の光は、それらの色の光が混ざっ

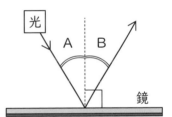

図1　光の進み方

表　光の進み方の実験結果

	実験1	実験2	実験3	実験4
角度A	15°	30°	45°	60°
角度B	15°	30°	45°	60°

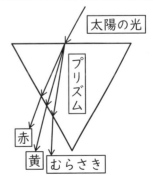

図2　プリズムによって分けられた太陽の光

てできているのよ。その光が雨つぶを通るとき、色によって折れ曲がる角度が違う_{ちが}から、虹ができるのよね。ガラスでできたプリズムという道具を使うと、**図2**のように、それぞれの色に分けられることがわかるわ。**図3**は、太陽の光が雨つぶを通るときに、折れ曲がったり反射したりすることで虹ができるしくみを示したものよ。

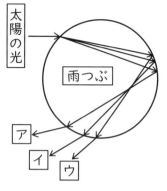

図3　虹ができるしくみ

ゆうた　雨つぶがプリズムの役割をして、太陽の光がそれぞれの色に分けられ、虹として見えるんだね。

（1）光の進み方を上から見たとき、解答用紙の図の矢印のように進む光は、鏡に反射してどのような道すじを通りますか。**図1**を参考に、解答用紙の図に線を書き入れてください。

（2）**図3**の中の⑦～⑦に当てはまる色として適当なものを、赤、黄、むらさきの3色の中から一つずつ選び、書いてください。

過去問チャレンジ解説

解答

①明るさ：ア　　温度：エ

②光には直進する性質がある。

③イ、エ、カ

解説

①光はたくさん集めて重ねるほど、明るく、そして温度は高くなる。

②イラストを見てもわかるように、光はまっすぐ進んでいるね。光の性質について記述する場合は、「直進」という言葉を使えるようにしておこう！

③反射だから、どこかから発した光が、何かにぶつかって、目に届く（つまり見える）、このような動きをしているものを探そう。カも反射だと気づけた人は、すごい！ 月は自ら光っているのではなくて、太陽の光を反射しているんだね！

No.2

解答

（１）

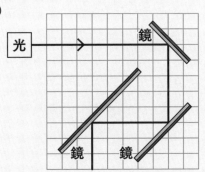

（２）ア：むらさき　　イ：黄　　ウ：赤

解説

（１）このような反射問題は基本中の基本だよ！ 入った角度と出る角度が等しいという反射のルールを理解して書いていけば必ず正解できるので、楽しんで取り組もう。

今回は、どの鏡も上から見たときに、方眼紙の目盛りに対して45°の角度で設置されているね。

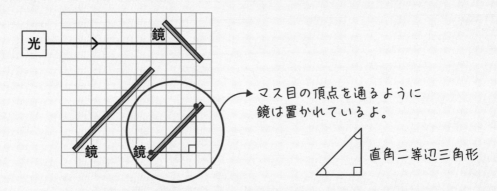

マス目の頂点を通るように
鏡は置かれているよ。

直角二等辺三角形

このような向きで鏡が置かれていて、上下左右からまっすぐ光が差した場合、例題2の1問目と同じように、光は90°で折れ曲がって進んでいくんだ。

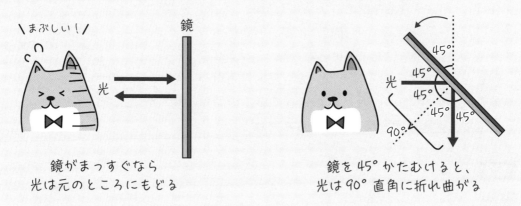

鏡がまっすぐなら
光は元のところにもどる

鏡を45°かたむけると、
光は90°直角に折れ曲がる

この考え方さえわかれば、あとは直角になるようどんどん答えを書いていけば完成だよ！

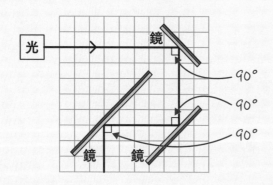

90°

90°

90°

（２）光が折れ曲がることを、「屈折」と言う。これは、光が空気中から水に入るときや、うすい食塩水から濃い食塩水を通るときなどに起こるんだ。たとえば、水を入れたコップに、おはしを入れてみよう。横から見ると、曲がって見えるはずだよ！

曲がらず直進した場合の線を書いてみよう。そして、赤とむらさきを比べると、赤はあまり曲がっておらず、むらさきの方が強く曲がっているね。そして、黄色は2色の中間。色によって曲がり方が変わるなんて面白いね！

図3にも、太陽の光が曲がらず直進した場合の線を書き込もう。それに一番近いのが赤、遠いのがむらさき、その2つが決まれば、残った中間は黄色で決定です。

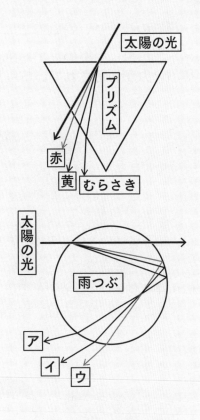

せっかく感動していたのに解説がうるさい…

逆さ富士も光の反射だよ。これは水面がおだやかで、まるで鏡のようだから起こる現象であり…

② 磁石の性質

磁石の技術は、身近なところでたくさん応用されているよ。スマートフォンの中にも、冷蔵庫の中にも、それから宇宙船の床と宇宙飛行士のくつにも、磁石の力が利用されているんだ。

✨ ポイント ✨

- 磁石に引きつけられるものと、引きつけられないものがあり、磁石に引きつけられるものは、鉄でできている
- 磁石は、間が空いていたり、間に紙などがはさまれたりしても、力が働く
- 磁石には、N極とS極があり、N極とS極は引きつけ合い、同じ極同士はしりぞけ合う
- 棒の形をした磁石を糸でぶら下げると、N極が北を向き、S極が南を向く
- 棒の形をした磁石は、端の方が磁石の力が強く、中央は弱い
- 鉄のくぎは、磁石にくっつけると、弱い磁石になる

道に迷ったけど、棒磁石を持っていたから方角がわかるぞ！

だいたい、なぜ棒磁石を持ち歩いているのか？

現在地がわからないなら意味ないのでは…。

👆 合格力アップのコツ

磁石についての知識を覚えている人は多いけど、適性検査では見たこともないような実験で磁石が登場することもある。持っている知識を生かせるかどうかがカギになるよ。暗記しているから安心とは思わず、頭の中の知識を使って実験結果を予測する練習をしよう。

例題

No.1

　マグネットシートは、N極とS極が細いリボンのように順序よく並んでいるものです。図1のように、N極・S極が交互にくり返すように細長く切ったマグネットシートを棒磁石の上に置き、図2のように反対側へとゆっくり引っ張りました。このとき、どのような動きをするでしょうか。次のア～ウから選びましょう。また、なぜそう考えたのか、理由を説明しましょう。

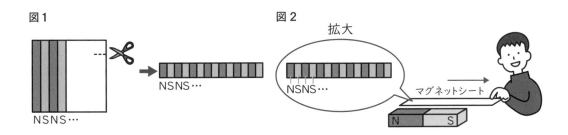

ア　ぴったりとはりついて動かない
イ　カタカタと小さな振動を感じる
ウ　棒磁石から浮き上がった状態で、棒磁石の上をすべるように動く

No.2

　図のように、棒磁石に鉄くぎをぶら下げます。そして、一番上の鉄くぎを持ち、静かに磁石から離します。すると、下の2本のくぎはしばらくくっついたままでした。磁石にくっつけたことで鉄くぎが磁石になった、ということを確かめるためには、どのような方法が

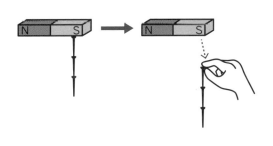

ありますか。3つ書きましょう。また、その方法の結果がどうなれば、くぎが磁石になったと言えるでしょうか。あわせて説明しましょう。

No.3

　方位磁針は、赤くぬっているN極が北を指し、S極が南を指します。
　なぜ方位磁針がこのような向きになるのか、説明しましょう。

例題解説

No. 1

解答

イ

理由：引きつけ合う場所としりぞけ合う場所が交互に磁石に当たるため

解説

マグネットシートは冷蔵庫にはっているおうちが多いよね。黒い裏面に、ものすごく細いすじがうっすらと見えるはず。もし、2枚あれば実際に試してみて。カタカタ振動することがわかるよ。くっつく・はなれる、がくり返されるからだね。もともとマグネットシートは大きなシート状で作られるけど、このように極がすじ状に細かくあることで、どこを切り取ってもかたよりなく磁力を持たせることができる。車にはってある初心者マークも、マグネットシートだよ。

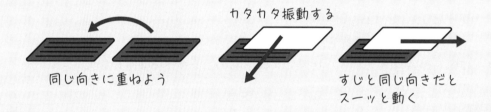

カタカタ振動する

同じ向きに重ねよう　　　　　　　すじと同じ向きだとスーッと動く

No.2

解答

①方法：他の鉄くぎに近づけてみる　　　結果：他の鉄くぎが引き寄せられる
②方法：方位磁針に近づけてみる　　　　結果：方位磁針の針が動く
③方法：砂鉄につける　　　　　　　　　結果：砂鉄が鉄くぎにくっつく

解説

①は、鉄くぎがくっつく、と答えてしまうとどちらが磁石かわからないので、新しい鉄くぎが、今回使った鉄くぎの方へ引っ張られることを説明しよう。①と③は仲間だね。磁石が鉄を引き寄せる性質を持っていることを利用した答えだよ。磁石は、鉄を引き寄せる以外にも、極を持ち、異なる極は引き合い、同じ極とは反発するという特徴もある。これを利用したのが、②だよ。
他の解答例として、うすい発泡スチロールの板に乗せて水に浮かべ、方位磁針のように南北の向きで止まることを確かめる、もいいね！

解答

地球は北極付近がS極、南極付近がN極という大きな磁石になっているため。

解説

地球全体が大きな磁石のようになっていることを、「地磁気」と言う。なぜこのような現象が起こっているのか、さまざまな説があるけど、実はまだ完璧にはわかっていないんだ。携帯電話や車のナビは地磁気を利用しているけど、地磁気の始まりや仕組み自体は、まだまだ解明されていないことも多い。地球の極は車と同じくらいの速度で移動しているそうで、みんなが大人になるころには、方位磁針が指す向きが今とはちがっているかもしれないね。

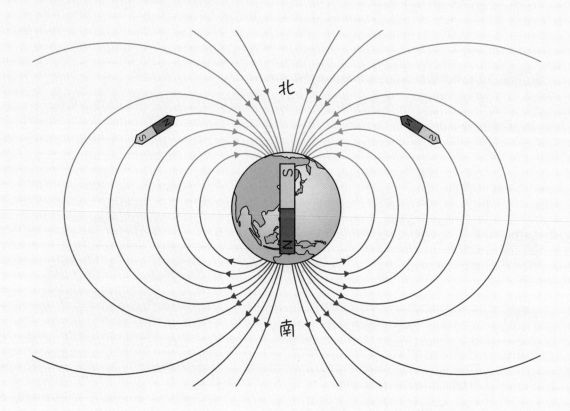

過去問チャレンジ！

No. 1 2022年度高知県共通問題

問2　まさるさんは輪投げの景品として、右のような糸の先に磁石がついたおもちゃのつりざおをもらいました。このおもちゃでは、ゼムクリップ、くぎ、画びょうは、磁石にくっつきつり上げることができましたが、スプーンと十円玉はつり上げることができませんでした。磁石にくっつくものは何でできているか、書きなさい。

No. 2 2022年度青森県立三本木高等学校附属中学校

③　ともこさんたちは、夏休みの課題で磁石や電磁石の性質を利用した作品を作り、発表し合いました。

ともこ

わたしは、2つの磁石を使って、**宙に浮くこま**を作りました。下じきの上で**小さな磁石**を回すと下じきからはなれて宙に浮きます。そのあと、**下じきをぬき取る**と、**小さな磁石**が空中でしばらく回り続けます。

たろう

これは、**小さな磁石が回っていない**と宙に浮かないね。

ひとみ

ほかに、磁石の性質が働いているのね。**小さな磁石の上側がS極**だとすると、**大きな磁石の上側**は、（ **ア** ）極になるわね。**小さな磁石**と**大きな磁石**が（ **イ** ）という磁石の性質が働いているから、宙に浮くことができるのね。

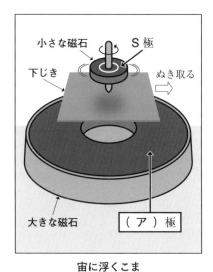

宙に浮くこま

（インターネット・ユーチューブ動画を基にして作成）

（1）ひとみさんが話す**ア**にはあてはまる極を、**イ**にあてはまる言葉を、それぞれ書きましょう。

過去問チャレンジ解説

No.1

解答

鉄

解説

これは基本中の基本の問題だよ。「電磁石」の項目でも紹介するけど、「磁石にくっつくもの（鉄）」と「電気が流れるもの（金属）」が頭の中で混乱してしまっている子が多い。磁石につくのは（小学校で習う物質の中では）鉄だけだから、しっかり区別して覚えておこう。

10円玉は95％が銅、残りは亜鉛やスズでできている。昭和40年代後半には1年で10億枚以上作られていたけど、今はキャッシュレスの影響もあって1億枚ほどに落ちついているんだ。

スプーンがくっつかなかったということは、ステンレス製か、アルミ製、もしくは木製や陶器製、プラスチック製だったのかもしれないね。日本で使われているスプーンやフォークのほとんどは、さびにくさを生かしたステンレス製だよ。また、最近はアルミでできたアイスクリーム用のスプーンもある。手の熱がすばやく伝わるから、カチコチのアイスもスーッとすくえるんだって！

No.2

解答

ア：N　　イ：しりぞけ合う

解説

会話文を読むと、「小さな磁石の上側がS極だとすると」と言っているね。ということは、こまの下側はN極となる。

こまが浮いたままということは、しりぞけ合う力が働いているということ（もし引きつけ合うのなら、こまは下に引っ張られて落ちるため）。N極としりぞけ合うということは、土台の大きな磁石の上側もN極だとわかるね。

間に手を入れても、浮いたまま回り続けるよ

回転が弱まると、下ではなく横へはね飛ばされるよ

3 回路と電流

電池や回路は、「苦手！」と感じている子が多いよ。でも、覚えることは実はちょっとだけだし、「難しい」と思うとドンドンきらいになってしまうので、基本をおさえて楽しみながら取り組むようにしよう。回路は身の回りの見えないところで、私たちの生活をたくさん支えてくれているよ。

✦✦ ポイント ✦✦

【回路の性質を覚えよう】

乾電池の＋（プラス）、豆電球、乾電池の－（マイナス）を輪っかになるようにつなぐと、豆電球に明かりがつく。この輪っかのことを「回路」と言う。

電気を通すものを回路の途中に入れると、豆電球は光る。たとえば、鉄やアルミニウム、銅などの金属をつなぐと光る。プラスチックや木、ガラスでできたものをはさむと、電気を通さないため、光らなくなる。

【電池のつなぎ方には名前がある！】

直列つなぎ

電流の大きさも
パワーアップ！

並列つなぎ

同じ極同士を
つないでいるね

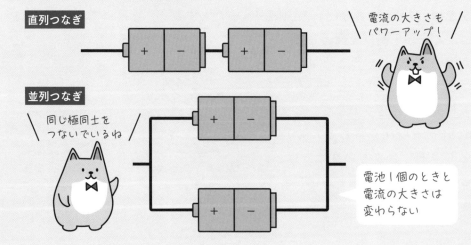

電池1個のときと
電流の大きさは
変わらない

【記号を使って表そう】

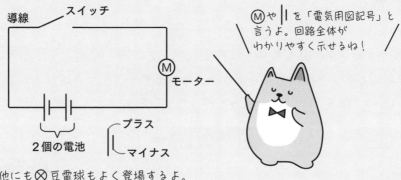

導線　スイッチ

Ⓜや‖を「電気用図記号」と言うよ。回路全体がわかりやすく示せるね！

Ⓜ モーター

2個の電池

プラス
マイナス

他にも⊗豆電球もよく登場するよ。

【電流を計ろう】

　電流計や、検流計を使って、電流を調べることができるよ。小学校で行われる実験では、「簡易検流計」を使う。中学校に入ってからは、より大きな電流を計ることができる電流計が登場する。まずは検流計の使い方をマスターしよう！　適性検査にも登場するよ。

【検流計のポイント】

- 回路と直列につなぐこと　**大事！🐾**
- 機械がこわれないように、大きなスイッチから使うこと
- わずかな電流も測定できるので、電流の大きさだけでなく、「電気が流れているかどうか」も調べられる
- 針のふれた向きによって、電流の向きも調べられる
- 検流計だけを回路につながないこと

こうなっていたら「3A」ということ（スイッチが0.5Aの方だったら「0.3A」）
また、電流は右から左に流れていることもわかるね。

まずは大きい方から
5A ◀▶ 0.5A
スイッチが変えられる

合格力アップのコツ

　回路に関する実験には注意事項があるよ。実験したときに教わったはずだから、復習しておこう！

⚠️ショートして熱くなってやけどのおそれがあるので、乾電池と導線だけをつないだ回路にしない

⚠️正しい回路なのに光らないとき→豆電球のソケットをしっかりしめる、導線を新しくする、乾電池を新しいものにする、など1つずつ原因を確認する

⚠️磁石にくっつくのは鉄、電気を通すのは金属（鉄もふくむし、銅やアルミニウムも）。ややこしいので、混乱しないように！

例題

No. 1

電池の力で動く車のおもちゃを作りました。次の⑧〜⑤のように乾電池をつないだとき、車はどのように進むでしょうか。それぞれ①〜④から選びましょう。

なお、⑧のつなぎ方では①の進み方だったとします。

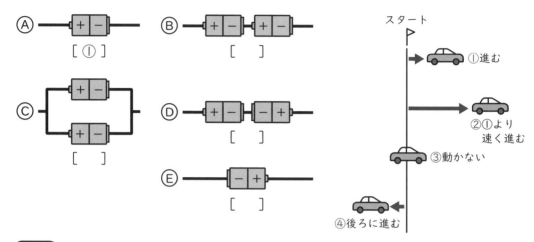

No. 2

みずきさんは、「レモン電池」について調べています。インターネットで調べたところ、半分に切ったレモンに異なる金属の板を2枚さし、そこに導線と電子オルゴールをつなげると音が鳴ると書かれていました。実験しようと思ったのですが、電子オルゴールが家になかったので、同じ方法で豆電球とつなぐことにしました。

しかし、豆電球はつきませんでした。学校の先生に相談すると、「流れる電気の量が足りないから、光らないかもしれない」と教わりました。このことから、電子オルゴールと豆電球にはどんなちがいがあるとわかるでしょうか。

また、みずきさんは「レモンをもう半分増やせば光るかもしれない」とあきらめずに考えました。その場合は、どのようにつなぐといいでしょうか。導線を図に書き込みましょう。

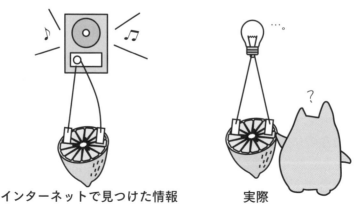

インターネットで見つけた情報　　　　実際

例題解説 ✏

No.1

解答

Ⓑ:②　　Ⓒ:①　　Ⓓ:③　　Ⓔ:④

解説

Ⓑ2個の乾電池を直列つなぎにすると、1個のときより車は速く進むよ。

Ⓒ並列つなぎにすると、1個のつなぎ方と変わらない結果になるね。

Ⓓ同じ極同士（たとえば、＋と＋や、－と－）を1本の導線でつなぐと、電流が流れないので車も動かない！

Ⓔ乾電池の向きがⒶとは逆だから、車は反対方向（後ろ側）に進むよ。

No.2

解答

電子オルゴールに比べて、豆電球は使う電気の量が多いとわかる。

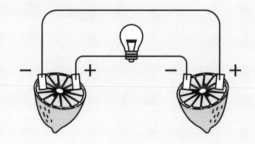

解説

先生からのコメントで、「流れる電気の量が足りないから、光らないかもしれない」とあるね。つまり、電子オルゴールは電気の量がわずかでも動くのに対し、豆電球はもっとたくさんの電気がないと光らない…ということ。

書き込む図は、レモンにさした金属の＋と－、豆電球が1つの輪になるよう直列つなぎになれば正解だよ。

ただ、実際はこのようにつなげても、残念ながら豆電球を光らせるだけの力はないんだ…。豆電球は無理だけど、電子オルゴールやLEDであれば、流れる電気の量が少ないレモン電池でも音が鳴ったり光ったりすることが確認できるよ。

また、レモン以外に、他の果物や野菜でもこのような実験をすることができるよ！ぜひ、身近な野菜（ニンジンやジャガイモなど）で試してみよう！

それと、実験が終わった後の果物や野菜は、絶対に食べてはいけない！　体によくない物質がとけ出しているので、もったいないけど食べないようにね。

過去問チャレンジ！

> 黎　さん　アルミ缶とスチール缶は、捨てるときになぜ分ける必要があるの。
>
> お父さん　それぞれもとの金属にもどして再利用するからだよ。アルミ缶はアルミニウム、スチール缶は鉄でできているんだ。
>
> 黎　さん　アルミニウムと鉄って何がちがうのかな。㋐電気を通すとか、㋑磁石（じしゃく）につくとかの性質のちがいはあるのかな。夏休みの自由研究で性質を調べてみようかな。
>
> お父さん　㋒空き缶がどうやってリサイクルされているかも調べてみるといいね。

（1）「㋐電気を通す」とありますが、黎さんが、図1のAのようにアルミはくに導線を当てると豆電球が光りました。しかしBのように、アルミ缶のオレンジの絵の部分に導線を当てても豆電球は光りませんでした。Bにおいて導線をアルミ缶の同じ場所に当てて豆電球を光らせるためには、**どのような工夫が必要か説明しなさい。**

図1

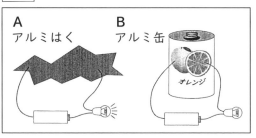

A　アルミはく
B　アルミ缶
オレンジ

【問題1】次の図表は電気器具を記号で表したものです。次の確認事項(じこう)を参考にあとの問いに答えなさい。

図表　電気器具を記号で表したもの

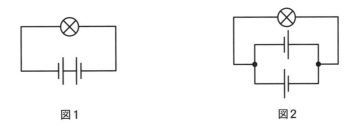

乾電池(かん)	豆電球	モーター	発光ダイオード	スイッチ	つないだ導線

（問題の特性上、モーターと発光ダイオードは通常使われている記号とは異なります）

確認事項

①次の図1、図2のようにつなぐと、豆電球は光りませんでした。

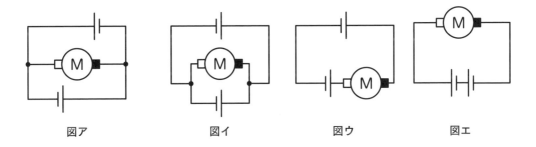

図1　　　　　　　　　図2

②乾電池が1個のときも直列で3個ならべて使ったときも豆電球は光り、モーターは回りました。

③モーターは右（記号の■側）を乾電池のプラス、左（記号の□側）を乾電池のマイナスにつなぐと時計回りに回りました。

（Ⅰ）次の図ア～エについて、以下の問いに答えなさい。

図ア　　　　　図イ　　　　　図ウ　　　　　図エ

（ⅰ）モーターが時計回りにもっとも速く回るつなぎ方を1つ選び、記号で答えなさい。

過去問チャレンジ解説

No. I

解答

（I）アルミ缶の表面をけずって、けずった部分に導線をあてる。

解説

缶づめの表面は、むき出しの金属のままではなく、何か塗装してあることがほとんどだよね。そのままだと電気を通さないので、金属部分が出てくるまで紙やすりでけずらないといけない。このとき、強引にやすりがけをすると、けがをしたり穴が空いたりするおそれがあるから、ていねいにけずろうね。

No.2

解答

（I）（i）イ

解説

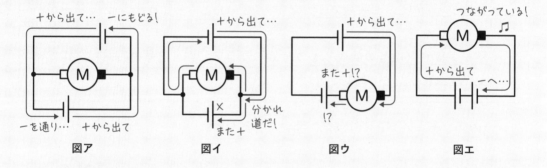

図ア　　　　図イ　　　　図ウ　　　　図エ

モーターや豆電球は、電力を使わないといけない“おじゃまスポット”だと考えよう！　ぐるぐる回りたい電流にとって、モーターを回したり豆電球を光らせたりするのは大仕事なので、通らずに済むルートがあれば、そっちを優先してしまうよ。

アを見ると、流れのパワーを生み出してくれる2個の乾電池だけを通るルートがあるので、おじゃまスポットであるモーターの道には進まず、外側の回路だけを電流がぐるぐると高速で流れるよ。危険な回路と言えるね。

イは、プラスから出て、分かれ道に到着すると、上はおじゃまなモータールート、下は乾電池のルートだね。でも、ラクな乾電池ルートは、また＋側になっているの

でこのままでは進めない。仕方なくモーターの方を通り、また元の乾電池の−側に帰っていく。プラス側がMの黒いマークの方とつながるので、時計回りに回るんだ。

ウは、プラスから出発しても、またプラスのところにつながる回路になっているので、電気は流れないよ。

エは、直列つなぎだね！　ただ、プラスがモーターの白いマークの方とつながるので、反時計回りに回ることになる。問題は時計回りのものを選ぶよう指示されているので、エは不正解だよ。

おまけ 電池の捨て方

▶一次電池
（使い切ったらおしまい）

▶ボタン電池

▶二次電池
（充電池。くり返し充電して使える）

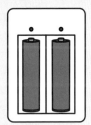

地域によってルールはさまざま！ みんなの地域はどうかな？

金属やボタン電池同士が重なったまま放置すると、発火のおそれもあるよ。テープなどをまいて、電気が流れないようにしてから処分しよう

中に貴重な資源が入っているので、リサイクルに出す

4 電磁石の性質

電子レンジやオーブン、エアコン、パソコンなど、電磁石は生活を支える便利なものの中で使われている。適性検査では、「電磁石の性質」は計算問題とセットで出題されることがほとんどで、覚えることも多いのでちょっと大変だよ。しっかり覚えて、苦手を残さないようにしよう！

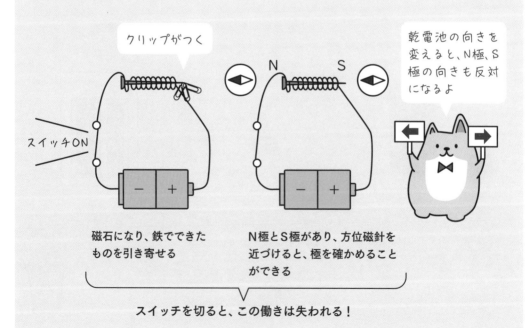

✦✦ ポイント ✦✦

- **永久磁石**…何も手を加えなくても、磁力を保っている磁石のこと。冷蔵庫やホワイトボードにはってあるマグネットは永久磁石だよ。

- **電磁石**…コイルに電気が流れているときだけ、磁石の働きをするもの。

- **コイル**…鉄しん（鉄くぎなど）にエナメル線を同じ向きにぐるぐると巻きつけたもの。

- **エナメル線**…銅が使われている金属線に、電気を通さない素材がコーティングされているもの。使うときは、紙やすりで端をけずって電気を通す銅の部分をむき出しにする。

クリップがつく

乾電池の向きを変えると、N極、S極の向きも反対になるよ

スイッチON

N　　S

磁石になり、鉄でできたものを引き寄せる

N極とS極があり、方位磁針を近づけると、極を確かめることができる

スイッチを切ると、この働きは失われる！

エネルギー

- 電磁石の力を強くするためには…
- ✓ 電流を大きくする（例 乾電池1個 ➡ 2個直列つなぎ）
- ✓ コイルの巻き数を増やす（例 100回巻き ➡ 200回巻き）

合格力アップのコツ

電磁石は、どちらの方が強いか比べさせる問題が多いよ。このとき注意しないといけないのは、「調べたい条件」以外はまったく変えない、ということ。たとえば、乾電池1個と、乾電池2個（直列つなぎ）の電磁石について調べたいなら、乾電池の数以外の条件（エナメル線の長さ、巻き数）はそろえないといけないよ。

✏ 例題

No. 1

ゴミ処理場や工事現場では、電磁石の仕組みが使われている巨大なクレーンが活やくしています。なぜ、巨大な永久磁石ではなく電磁石を利用するのでしょうか。理由を考えて答えましょう。

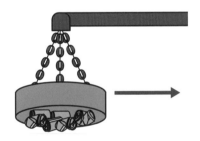

No. 2

学校の授業で、電磁石は巻き数を倍にすると強さも倍になると習ったので、さっそく試してみることにしました。図のように、コイルの巻き数を100回、200回にした電磁石を用意し、引きつけるクリップの数を比べたところ、ほとんどちがいが出ませんでした。正しく比べることができなかった理由を、図を参考に考えて答えましょう。なお、鉄くぎの太さやエナメル線の太さは同じにそろえてあるものとします。

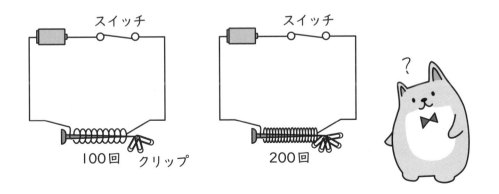

例題解説

No. 1

解答

電源を入れたり切ったりすることで、自在に運んだり取り外したりできるから。

別解例

持ちあげたいものの重さによって電流の大きさを変えることで磁力を上げることができるから。

解説

電磁石のメリットは、スイッチのオン・オフで磁力をコントロールできることだよ。もし永久磁石だったら、運んだ先でくっついたものを取り外すのが大変だ…。ただ、電磁石は強力な反面、電力というエネルギーが必要だし、重いものを持ちあげるためには大量の電流が必要というデメリットがあるんだ。

No. 2

解答

巻き数を2倍にした分、使ったエナメル線の長さも長くなっているので、正しく比べることができないから。

解説

比べたいときは、調べたい条件だけを変えて、それ以外はそろえないといけなかったね！
今回、巻き数は100と200で変えているけど、使ったエナメル線の長さは、200回巻きの方が当然長くなるはず。つまり、巻き数、エナメル線の長さ、この2つの条件がちがっているよ。正しく実験するためには、最初から同じ長さのエナメル線（200回巻きができる長さ）を用意しないといけないんだ。

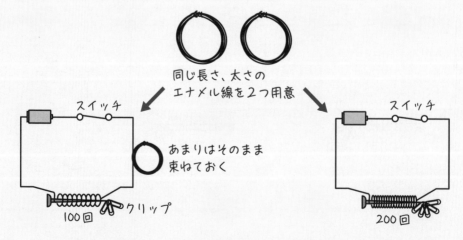

同じ長さ、太さの
エナメル線を2つ用意

スイッチ

あまりはそのまま
束ねておく

クリップ

100回

スイッチ

200回

No.1 2022年度熊本県共通問題

2 ひとみさんは、ロボット競技大会に出場する中学生のお兄さんの手伝いをすることになりました。そこで、そうたさんをさそって、いっしょに手伝うことにしました。ロボット競技大会の内容は、次のとおりです。

【ロボット競技大会のテーマ】 ごみの分別

【競技内容】

○スタート地点を出発し、ごみの中から鉄のクリップのみを取り出し、ごみ箱へ運ぶ。

ロボット競技大会のコース

○鉄のクリップ全部をごみ箱に入れ、ゴール地点に進む。

○スタートからゴールまでの時間を競う。

※ごみには、紙ごみと鉄のクリップが混ざっている。

図1　ロボット全体

　ひとみさんとそうたさんは、お兄さんから、うでの先に電磁石を付けたロボット（図1）が、鉄のクリップを引きつける様子を見せてもらいました。しかし、引きつけられたクリップの数が少なかったので、2人は、電磁石の力を強くする条件について話し合い、導線のまき数を増やしてみることにしました（**実験1**）。

実験1

①直径5mmのストローに導線を重なりのないようにすき間なく50回まいたコイルを作る。

②導線の両端を15cmずつ残して切り、かん電池とつなぐ（**図2**）。

③引きつけられたクリップの数を記録する。

④同じ鉄くぎを使用し、導線のまき数を増やして、②、③をくり返す。

※まき数が100回をこえたら、重ねてまく。

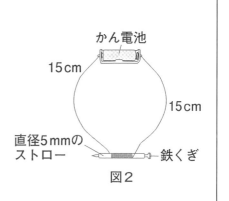

図2

問題1

（1）実験1で、100回まきのコイル作りに使用する導線の長さは何㎝になるか答えなさい。また、式も書きなさい。ただし、導線の両端の15㎝をふくめます。また、次のことを使ってもよいものとします。

> ・ストローに1回まいた導線の長さは、ストローの円周と等しいと考え、円周率は3.14とする。
> ・50回まきのコイル作りに使用した導線は108.5㎝である。

2人は、実験1の結果をグラフに表しました。（**グラフ1**）。

ひ と み	「コイルのまき数が増えれば、引きつけられるクリップの数は増えると思ったけれど、300回まきから、あまり変わらないね。どうしてかな。」
お兄さん	「導線は同じ長さにする必要があるよ。」

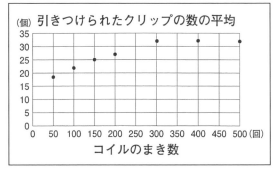

グラフ1

（2）実験1の結果とお兄さんの話をもとに、条件をそろえてコイルのまき数を変えたときの電磁石の力の強さを調べるためには、次のア～エの実験のどれとどれを比べるとよいか、記号で答えなさい。また、選んだ理由を「**変える条件**」「**同じにする条件**」という2つの言葉を使って説明しなさい。

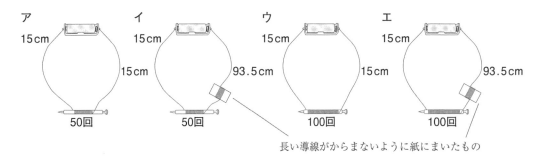

長い導線がからまないように紙にまいたもの

直径が10mm、15mm、20mmの3種類のストローを見つけた2人は、実際にロボットに使う鉄くぎで条件をそろえて、もう一度、コイルを作ることにしました。そして、50回まきを同じにする条件として、ストローの直径やまき方を変えたときの電磁石の力の強さを調べ（**実験2**）、結果を表にまとめました（**表1**）。

実験2

① ロボットに使う鉄くぎを使って、3種類のストローにすき間なく導線を50回ずつまいたコイルを作る（図3）。

② ①と同様に、3種類のストローにすき間をあけて導線を50回ずつまいたコイルを作る（図4）。

③ 電流を流して、引きつけられたクリップの数を記録する。

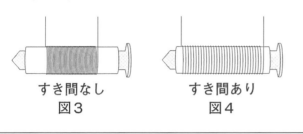

すき間なし　　　　すき間あり
図3　　　　　　　図4

表1　実験2の結果（引きつけられたクリップの数の平均）

	すき間なし	すき間あり
直径10mm	40.6個	31.8個
直径15mm	33.0個	23.8個
直径20mm	24.4個	20.8個

（3）お兄さんに見せてもらった「ロボット競技大会作戦シート」に、2人は【電磁石の力を強くするための条件】をまとめようとしています。実験1、実験2と以下の【ロボット製作上の注意点】をもとに、あなたなら続きをどのようにまとめますか。「コイルのまき数」「ストローの直径」「すき間」という言葉をすべて使って説明しなさい。

ロボット競技大会作戦シート

【ロボット製作上の注意点】
○使用できるかん電池は2個まで、コイルは1つとする。
○コイルに使える導線の長さは200cm以内とする。
○使用するストローの直径は10mm以上とする。

Ⅰ【電磁石の力を強くするための条件】

○かん電池2個を直接つなぎにする。
○

過去問チャレンジ解説

No. I

解答

（1）式：0.5×3.14×100＋15×2＝187

　　　答え：187（cm）

（2）記号：イとウ

　　　理由：変える条件はコイルのまき数で、同じにする条件は、導線の長さだから。

（3）（※下線部の言葉を3つとも使っていること）

　　　○コイルのまき数は200cmの導線を使って、できるだけ多くまく。

　　　○ストローの直径は10mmにする。

　　　○すき間がないようにまく。

解説

（1）50回巻きのときは、108.5cm使った、と書かれていたね。まずはわかっている
情報から解読していこう！

巻き1回分、ストローの周りのぐるっと一周が何cmか、確認するよ。

ストローの直径は5mm、つまり0.5cmだから、

一周（円周）は、直径×円周率で、0.5×3.14＝1.57cmです。

これを50回くり返すので、巻いている部分は、1.57×50＝78.5cm。

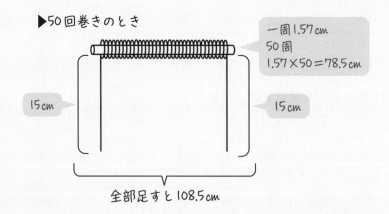

▶50回巻きのとき

一周1.57cm
50周
1.57×50＝78.5cm

15cm　　　　15cm

全部足すと108.5cm

両端に15cmずつ残すので、78.5＋15×2＝108.5cm、最初の情報通りだね！

これで、計算方法もわかったので、100回巻きも計算してみよう。

一周1.57cmが100回転なので、1.57×100＝157cm。

これに、両端の15cmを足すと…

157＋15×2＝187cm。

式を書くように言われているときは、特に指示がなければ一本の式にまとめる必要があるよ。

$$\underbrace{0.5×3.14}_{一周}×\underbrace{100}_{巻き数}＋\underbrace{15×2}_{両端}$$

（2）今回は「コイルの巻き数」だけ変えて、それ以外の条件は合わせる必要がある。それ以外の条件というのは、つまり導線の長さのこと！ 例題の2問目を思い出してね。（1）から、50回巻きのところは78.5cm、100回巻きのところは157cm必要だとわかるね。

2つの差は78.5cmなので、同じ長さの導線を使ったとしたら、50回巻きのときは巻きが少ない分、78.5cmのあまりが出ることになるよ。

ア〜エの中で、巻き数が50、78.5cmのあまりが出ているイと、巻き数が100、あまりがないウを組み合わせるのが正解。

	イ （50巻き）	ウ （100巻き）
コイル	78.5cm	157cm
左	15cm	15cm
右	93.5cm	15cm
計	187cm	187cm

← 巻き数はちがうけど…

← 合計はぴったり！

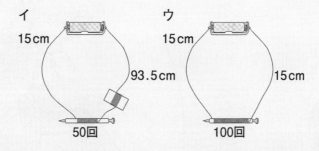

（3）グラフ1から、導線が長くなり過ぎると巻き数を増やしても変化は止まっているので、「導線が長くなると、巻き数を増やしてもその効果を打ち消しているのではないか？」と考えられるね。だから、使う導線は最低限の200cmにしよう。

次に、何回巻くかを決めよう。（1）から、100回巻きのとき、直径5mmのストローを使っても187cmも使っているので、大会で指定されている直径10mm以上のストローでは、200cmの導線で100回も巻くのは難しそうだね。

試しに計算してみると、10㎜は1㎝だから、一周は1×3.14＝3.14㎝。これで100回巻くと、コイルの部分だけで3.14×100＝314㎝必要だから、やっぱり200㎝以内におさめるのは無理だね…。60回巻けるかどうか、というところかな。

グラフ1を見ると、200回巻きくらいまでは巻き数が増えるほどパワーが上がっているとわかるので、たとえ60回くらいしか巻けなくても、限界まで巻き数は増やしたほうがいいと言えそうだね。

ストローの直径が太くなると、一周に必要な長さが増えて巻き数が少なくなってしまうので、ストローはできるだけ細いものを使いたいよね。だから、指定された最低限の10㎜を使おう。これは、表1を見てもわかるね。直径が小さい方がパワーがあるよ。また、同じく表1を見ると、同じ10㎜のストローでも、すき間がない方が引きつけるパワーがあるので、すき間がないようにぎゅうぎゅうに巻こう！

ここまでを整理するよ。
「長さは200㎝」「巻き数はできるだけ多く」「ストローの直径は10㎜」「すき間なく巻く」、このように設計すれば、限られた条件の中で最大限力が発揮できそうだね！

ふりこ

「ふりこ」は、適性検査でよ〜く出てくるよ！「長さが変われば1往復の時間が変わる」というだけなんだけど、あの手この手でいろいろな問題が出題されているんだ。覚えることは多くないから、得意分野にしよう！

✦✦ ポイント ✦✦ 🔍

- ふりこ…糸などにおもりをぶら下げ、左右にゆらす装置のこと。おもちゃや柱時計、メトロノームに使われている。

- ふりこの長さ…糸の長さではなく、糸をぶらさげている支点から、おもりの中心までの長さのこと。

- ふれはば…まったく動かさず真下にぶら下がっている状態から、どちらかの向きに引き上げたときの距離や、角度。

- 1往復…スタート地点から、行って、もどって来るまで。端から真下までに移動する距離を①とすると、1往復は①の4倍。

- 1往復の時間…ふりこの長さを長くすると、1往復する時間も長くなる！これは大事だよ。ただ、おもりを変えたり、ふれはばを変えたりしても、1往復の時間には影響しないんだ。ブランコで座ってこぐより、立ちこぎしたときの方が速く感じるのは、立ちこぎしたことでおもり（＝身体）の中心が上に上がり、ふりこが短くなったのと同じことになるからだよ。1往復する時間が短くなって、座ってこぐときより素早く往復するので、速く感じるんだ。

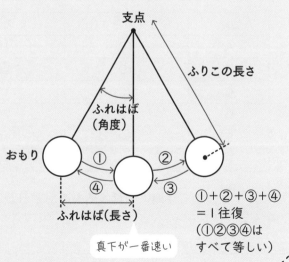

真下が一番速い

①＋②＋③＋④
＝1往復
（①②③④は
すべて等しい）

合格力アップのコツ

「ふりこの長さが変われば、往復時間も変わる」というのは、もうみんな覚えているから、計算の仕方を説明させたり、より正確に実験するにはどうすればいいか記述させたりする問題がよく出るよ。最近は、「ふりこの長さが2倍、3倍…と大きくなったら、1往復の時間がどうなるか?」という計算や資料とセットになっていることが多いんだ。理屈は簡単だから、落ち着いて表を見れば必ず解けるよ!

例題

No.1

ほのかさんは、小学校の授業でふりこについて習い、家でも実験してみることにしました。1往復の時間をキッチンタイマーを使って計ったところ、同じ条件で何度実験しても測定値にばらつきが出てしまいました。ふりこが1往復する時間をできるだけ正確に出すために、ほのかさんはどのような工夫をすべきでしょうか。考えて答えましょう。ただし、ふりこのおもりや長さ、ふれはばに手を加えることはしないものとします。

No.2

ほのかさんは、次の表の組み合わせでふりこの実験を行おうとしています。ふりこが1往復する時間に影響するのが、「おもりの重さ」「ふりこの長さ」「ふれはば」のどれなのか、調べることができるでしょうか。解答欄に○を付けましょう。また、その理由も答えましょう。

実験	おもりの重さ(g)	ふりこの長さ(cm)	ふれはば(°)
A	10	10	30
B	10	20	60
C	20	10	30
D	20	20	60
E	30	10	30
F	30	20	60

ふりこが1往復する時間に影響するものがどれか、調べることが

（　　できる　　・　　できない　　）

No. 1

解答

10往復する時間を3回計り平均を取ってから、10で割って1往復の時間を出す。

別解例

端ではなく、真下に来たときに計る。

解説

ふりこの1往復は、よほど特大サイズの超ロングふりこなら別だけど、1往復するのはあっという間だよね。「今だ！」とふりこのタイミングに合わせて計ろうとしても、反応が遅れて誤差が出るのは当然…。

10往復する時間を計り10で割ると、誤差がなくなるわけではないけど、誤差もひっくるめて10で割ることにより、誤差の影響を小さくすることができるんだ。適性検査で何度も出題されているので、覚えておこうね。また、10往復の測定を複数回くり返して平均を出してから10で割ると、さらに正確になるよ。解答例では「3回」の平均を使ったけど、3〜5回が一般的。平均を出してばらつきをおさえ、そして手間がかかり過ぎないようにするには、3〜5回がちょうどいいね！

10回で誤差が小さくなるなら、30回とか100回とか1000回にすれば、もっと正確になるかも、と思う人もいるかもしれないね。でも、何百回もふりこが動き続けるのは不可能だし（もし可能なら公園のブランコもずーっとゆれ続けることに…こわい…）、次第に勢いが落ちてしまうよ。それに100回や1000回だと、数えまちがえてしまう可能性もある。また、10以外の数字で割ると計算ミスのもとだから、総合的に考えて一番いいのが10回なんだ。10往復のタイムを10で割るのは、小数点をずらすだけだからね！（例：10往復が18.0秒 ➡ 1往復なら1.8秒）

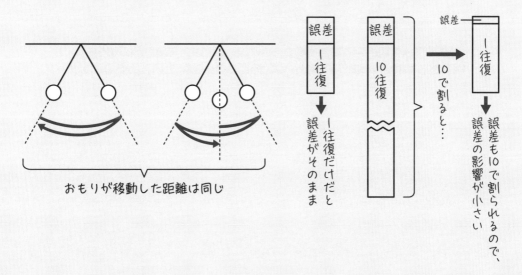

おもりが移動した距離は同じ

「どこが端なのか」がわかりづらいのも誤差が出る原因だね。端から端ではなく、真下に来たタイミングで計ると、わかりやすいよ。

あとは…、ちょっとずるいけど、「キッチンタイマーではなく、動画で撮って1往復の時間を確認する」という答えもまちがいではないよ。ふりこの重さ、長さ、ふれはばには手を加えない、という条件は一応満たしているからね。

No.2

解答

できない

理由：ふりこの長さと、ふれはばの組み合わせは決まっていて、10cm・30°と、20cm・60°の2通りになっている。そのため、長さを変えるとふれはばも変わってしまい、正しく比べることができないから。

解説

実験同士を比べるときは、調べたい条件だけ変えて、それ以外はそろえないといけないんだったね！　同時に条件を2つも変えてしまうと、どちらが結果に影響しているかわからないからだよ。

たとえば、ふりこの長さが影響するかどうかを調べたいとき、重さとふれはばはそろえないといけない。でも、今回の問題の組み合わせでは、長さを変えると、同時にふれはばも変わってしまって、正しく実験することができないね。

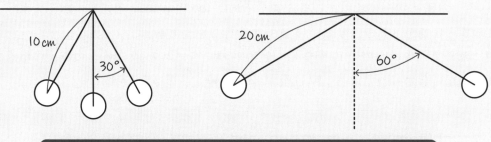

長さもふれはばもちがうので、どちらが影響するのかわからない！

過去問チャレンジ！

1　かおりさんは、いろいろなふりこが1往復する時間を調べる実験教室に参加しました。先生とかおりさんの会話文を読んで、あとの（1）〜（4）の問題に答えなさい。

先　　生	みんなの結果を黒板に書いてみましょう。結果から分かることはありませんか。
かおりさん	**ア**ふりこの長さと1往復する時間にはきまりがあることが分かります。ふりこの長さが4倍になると時間は2倍、ふりこの長さが9倍になると時間は3倍となっています。
先　　生	そうですね。**イ**このきまりを用いると、いろいろな長さのふりこが1往復する時間が計算できます。
ひろしさん	先生、少し**ウ**変わったふりこを作ってみました。
先　　生	面白いですね。実験結果をうまく使うと、このふりこが1往復する時間が予想できます。

表1　黒板に書かれたみんなの実験結果

	かおりさん	Aさん	Bさん	Cさん	Dさん	Eさん	Fさん	Gさん
おもりの重さ(g)	30	30	30	50	30	50	50	30
ふりこの長さ(cm)	5	20	45	180	80	45	80	20
ふれはば	10°	30°	30°	30°	20°	20°	20°	20°
1往復する時間(秒)	0.45	0.90	**エ**	2.70	1.80	1.35	1.80	0.90

（1）表1の　**エ**　にあてはまる数字を答えなさい。

（2）下線部**ア**「ふりこの長さと1往復する時間にはきまりがある」とあります。このきまりを用いると、ふりこの長さが16倍になると1往復する時間は何倍になるか答えなさい。

（3）下線部**イ**「このきまりを用いると、いろいろな長さのふりこが1往復する時間が計算できます」とあります。青森県のある大学には1往復する時間が13.5秒の日本で一番大きなふりこがあります。このふりこの長さは何mになるか答えなさい。

（4）下線部**ウ**「**変わったふりこ**」とあります。ひろしさんは、**図1**のように、天井からつるした、おもりの重さ50g、ふりこの長さ180cmのふりこを用意し、**B**の位置にくぎを打ち付けました。ふれはば30°になるように**A**の位置からおもりをはなすと、**B**の位置で糸がひっかかり、おもりは**C**の位置までいき、ふたたび**A**の位置までもどりました。このふりこが1往復する時間を答えなさい。

図1 変わったふりこ

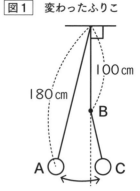

No.2 **2022年度茨城県共通問題（一部改変）**

音楽の授業で**図1**の機械式メトロノームを使って練習をしました。メトロノームはふりこのしくみを利用しているので、理科の授業でそのしくみを調べることにしました。**図2**のようにひもにおもりをつけたふりこを作りました。**実験①～⑨**のように、おもりの重さ・ふりこのふれはば・ふりこの長さの条件を変えて、ふりこが20回往復する時間を3回はかり、その平均を求め、次の**表**にまとめました。

図1 機械式メトロノーム

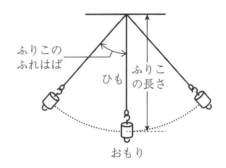

図2 実験に用いたふりこ

表 ふりこの実験結果

実験	おもりの重さ	ふりこのふれはば	ふりこの長さ	ふりこが20回往復する時間
①	4g	30°	10cm	12.7秒
②	4g	10°	25cm	20.1秒
③	4g	20°	25cm	20.0秒
④	8g	10°	75cm	34.7秒
⑤	8g	20°	50cm	28.3秒
⑥	8g	30°	100cm	40.3秒
⑦	12g	10°	75cm	34.8秒
⑧	12g	10°	200cm	56.9秒
⑨	12g	20°	150cm	Y

問題1 実験①～⑧の結果から、ふりこが１往復する時間（秒）とふりこの長さ（cm）の関係をグラフで表すと、どれに近くなりますか。次のア～エの中から一つ選びなさい。

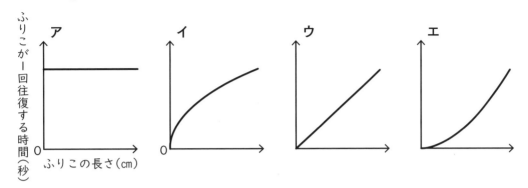

また、実験⑨でふりこが20回往復する時間 ┃ Y ┃ は、何秒と考えられますか。次のオ～ケの中から最も適しているものを一つ選びなさい。

オ 約40秒　　カ 約45秒　　キ 約50秒　　ク 約55秒　　ケ 約60秒

問題2 おもりが１回往復する間に「カチ、カチ」と２回鳴る機械式メトロノームで、Adagio（アダージョ：１分間に56回鳴る）を Andante（アンダンテ：１分間に72回鳴る）に変えるのに必要なおもりのそう作とそのようにおもりを動かす理由の組み合わせを次のア～カの中から一つ選びなさい。

	おもりのそう作	おもりを動かす理由
ア	位置を上げる	ふりこの長さが長くなり、ふりこの往復時間が長くなるから
イ	位置を上げる	ふりこの長さが長くなり、ふりこの往復時間が短くなるから
ウ	位置を上げる	ふりこの長さが短くなり、ふりこの往復時間が短くなるから
エ	位置を下げる	ふりこの長さが短くなり、ふりこの往復時間が短くなるから
オ	位置を下げる	ふりこの長さが短くなり、ふりこの往復時間が長くなるから
カ	位置を下げる	ふりこの長さが長くなり、ふりこの往復時間が長くなるから

No. 1

[解答]

（1）1.35秒

（2）4倍

（3）45m

（4）2.25秒

[解説]

（1）表1を見ると、会話文でも話していた通り、ふりこの長さが4倍（2×2）になったら、1往復する時間は2倍になっているね。

Bさんは、かおりさんのふりこの長さの9倍（3×3）になっているので、会話文を参考にすると、1往復する時間は3倍になるはず。

答えは、0.45×3＝1.35。

1往復する時間が○倍になっていたとすると、ふりこの長さが○×○倍になっている、ということだね。

表1 黒板に書かれたみんなの実験結果			
	かおりさん	Aさん	Bさん
おもりの重さ(g)	30	30	30
ふりこの長さ(cm)	5	20	45
ふれはば	10°	30°	30°
1往復する時間(秒)	0.45	0.90	エ

（2）（1）でも確かめた通り、ふりこの長さが16倍ということは、4×4倍と表せるので、1往復する時間は4倍になっているということ。

（3）1往復する時間が13.5秒と書かれているので、数字が似ているEさん（1.35秒）に注目してみよう！　青森県の大学のふりこは、Eさんと比べると、1往復する時間は13.5÷1.35＝10倍だね。ということは、ふりこの長さは、10×10＝100倍になっているはず。Eさんのふりこ（45cm）の100倍は、4500cm。答えはmで答えるよう指示されているので、単位を直して、45mが正解。どんなふりこだろう？　見てみたいね！

Eさん
50
45
20°
1.35

1

エネルギー

（４）　図1　変わったふりこ

左だけ注目

本当なら…

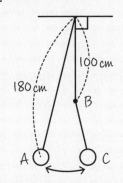
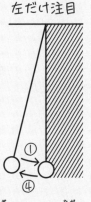
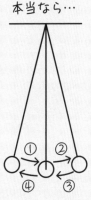

途中にくぎが打ってあって、左と右でちがう長さのふりこになっているね。
まず、左半分（A）のふりこを見てみよう。長さは180cmだね。本当だったら、
①②③④という動きをしているはずだけど、図1の180cmのふりこは左側し
かないので、①④しか移動しないよ。①、②、③、④はすべて同じ距離だから、
左側Aのふりこは、1往復（①②③④）のちょうど半分（①④）の時間がかかっ
ているはず。
同じようにして今度は右側、Cの方を考えてみよう。中心から右側へ、②と
③の移動だけ行っているね。つまり左側と同じく、1往復のちょうど半分し
か移動していないということ。

本当なら…

右だけに注目

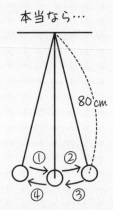

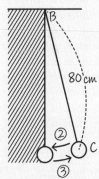

変な形のふりこだけど、左右で1往復の半分ずつだけゆれているだけ。左右
それぞれは半人前だけど、あわせれば1人前、という面白い仕組みだね！
では、計算しよう。まず長さが180cmのときの1往復を出すよ。Aさんの結果
に注目しよう。20cmのふりこで、0.9秒かかっているよ。180cmはその9倍（3
×3）だから、必要な時間は0.9×3＝2.7秒。このうちの半分だけ移動してい
るので、2.7÷2＝1.35秒。
次に、右側を出すよ。天井ではなく、くぎを打ったBが支点になるから、ふ
りこの長さは80cm。Aさん（20cm）の4倍（2×2）だね。必要な時間は、0.9
×2＝1.8秒。このうちの半分だけ移動しているので、1.8÷2＝0.9秒。

左右足し合わせると、1.35＋0.9＝2.25秒。

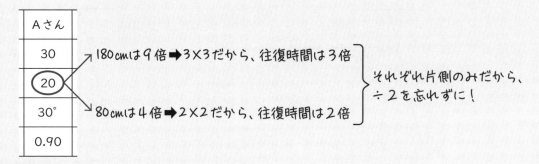

Aさん	
30	
⦅20⦆	
30°	
0.90	

180cmは9倍➡3×3だから、往復時間は3倍

80cmは4倍➡2×2だから、往復時間は2倍

それぞれ片側のみだから、÷2を忘れずに！

No.2

解答

問題1　**グラフ：イ　Y：キ**

問題2　**エ**

解説

問題1　ふりこの長さが長くなれば、1往復の時間は長くなっているので、アは絶対ありえないよ。変化ナシ、というグラフになっているからね。残ったイ〜エを考えよう。

ウは、まっすぐ規則正しく伸びているグラフだね。このようなグラフは、片方が倍になったら、もう一方も倍…という関係があるよ。でも、長さが倍になったからといって、時間も倍になっているわけではないね。ウもまちがい。

表の③、④、⑤、⑥に注目しよう。ふりこの長さは、25、50、75、100、ちょうど25cmずつ増えていっているよね。じゃあ、時間はどうだろう？　わかりやすいように四捨五入して整数で書いていくね。

25cm	20.0秒
75cm	34.7秒
50cm	28.3秒
100cm	40.3秒

20秒➡28秒➡35秒➡40秒というように変化しているよ。どう増えているかな？　最初は8秒増えたね。次は7秒、その次は5秒…、だんだんと増え方がおだやかになっていっている。だから、グラフがだんだんゆるやかになっているイが正解だね。

次に、150cmのときの往復時間を考えよう。100cm（40.3秒）より長く、200cm（56.9秒）より短いはずだから、オとケは削れるね。クは、どうだろう？　ちょっと200cmの往復時間に近過ぎる気もするけど、一応、候補に入れておこう。

では、計算していくよ。表を見て規則を探そう。長さが倍になっているペ

アがいくつかあるよね。たとえば25cmと50cm、50cmと100cm、75cmと150cm、100cmと200cmというペアだよ。ここに規則がないか、見てみよう。

　　25cmと50cmペア…28.3÷20.0＝およそ1.4倍

　　50cmと100cmペア…40.3÷28.3＝およそ1.4倍

25cm	20.0秒
75cm	34.7秒
50cm	28.3秒
100cm	40.3秒
75cm	34.8秒
200cm	56.9秒
150cm	Y

　　100cmと200cmペア…56.9÷40.3＝およそ1.4倍

これで規則は見つかったね！　長さが倍になると、往復時間はだいたい1.4倍になるみたいだよ。

では、75cmと150cmペアに注目しよう。75cmのとき、34.8秒（34.7のときもある）ので、1.4倍して、およそ48.7秒。一番近いのは、キの「約50秒」だね！

問題2　1分間にカチカチと鳴る回数を多くしたいので、1往復のスピードを上げたい、ということだね。

　1往復のスピードを上げるということは、1往復にかかる時間は短くなるはず。

　つまり、ふりこの長さは、短くしないといけないね。

　メトロノームは逆向きのふりこで、支点が下側に固定されているのがややこしいポイント。支点からの距離を短くするには、上についているおもりを下げればいいね！

　おもりを下げる、ふりこを短くする、往復時間を短くする、という答えがそろっているエが正解。

！？

脈をはかって周期をカウント

日常の何気ない場面も発見につながるんだね！

大聖堂のランプのゆれを見て、ふりこの周期についてひらめいたガリレオ・ガリレイ

6 てこ

小さな力で大きな力を発揮する、てこ。今から2000年以上も前に発見された考えだけど、つめ切り、はさみ、おはし、水道の蛇口など…てこの原理をくわしく知らなくても、どうすれば軽い力で動かせるか、私たちは感覚で知っているよね。何気なく利用している仕組みに名前をつけて、計算式に当てはめることでもっと深く理解できるよ。

✦✦ ポイント ✦✦

- てこ…支点・力点・作用点があり、仕組みを利用することで、小さな力で大きなものを動かしたり、持ち上げたりする。

- 支点…てこを支えるところ。

- 力点…力を加えるところ。

- 作用点…てこが、他のものに対して力を働かせるところ。

小さい力で何かを運んだり持ち上げたり、切ったりしたいときは…
✓支点から力点までが遠くなるように持つ
✓支点から作用点までが近くなるように持つ

ふん〜重い！

毛皮の重さです

おお〜

作用点

ここが短いほど軽い力で持て 支点

ここが長いほど軽い力で持てる

よいしょっ

力点

直接は重くても…　　てこなら軽い力で持ち上がる

1

エネルギー

62

▶てこの例

おはし　　　　　　　　　はさみ　　　　　　　レモンしぼり器

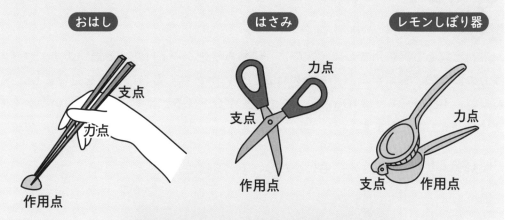

3つの点の位置はものによってさまざま！

- つり合い…てこがまっすぐになっているとき、「つり合っている」と言う。
  このとき、次のような式が成り立つよ。

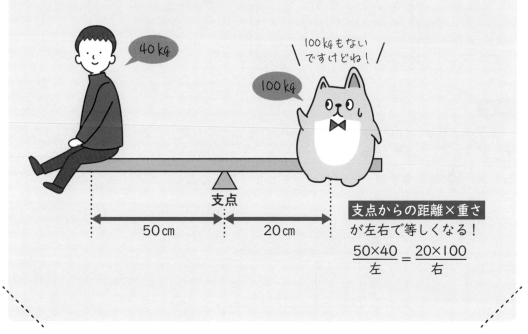

40kg

100kgもないですけどね！

100kg

支点

50cm　　　　　20cm

支点からの距離×重さ
が左右で等しくなる！

$$\underset{左}{50×40} = \underset{右}{20×100}$$

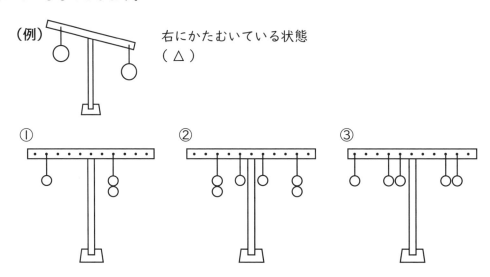

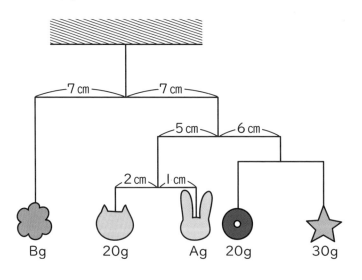

 例題

No. 1

　理科室にある実験用てこに、次のようにおもりをぶら下げたいと思います。つり合うものには〇、右にかたむくものには△、左にかたむくものには×を付けましょう。ただし、1つのおもりは10gとし、おもりをぶら下げる穴は支点から等しい間かくで空いているものとします。

（例）　右にかたむいている状態
（△）

①　　　　　　　　②　　　　　　　　③

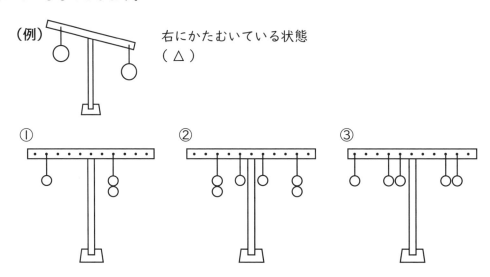

No. 2

　はるゆき君は、妹のためにモビールを作ることにしました。モビールというのは、てこのつり合いを使ったかざりのことです。次の図のモビールがすべてつり合っているとき、AとBの重さはそれぞれ何gでしょうか。ただし、棒や糸などの重さは考えなくてよいものとします。

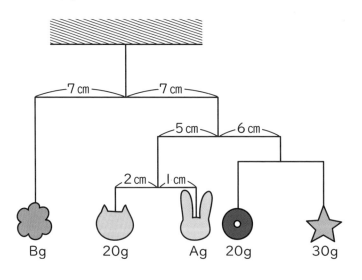

Bg　20g　Ag　20g　30g

エネルギー

1

例題解説

No. 1

解答

① ○　　　② △　　　③ ×

解説

①左側は4の場所に1つ、右側は2の場所に2つなので、4×10＝2×20。
　つり合った！

②左側は1の場所に1つ、3の場所に2つなので、1×10＋3×20＝70、
　右側は1の場所に1つ、4の場所に2つなので、1×10＋4×20＝90。
　右の方が大きいので、右にかたむくよ。

③左側は1、2、5の場所に1つずつなので、（1＋2＋5）×10＝80、
　右側は3、4の場所に1つずつなので、（3＋4）×10＝70。
　左の方が大きいので、左にかたむくよ。

No. 2

解答

A：40g　　B：110g

解説

まずAから調べよう。左がネコちゃん、右がうさちゃんの点線部分のところだよ。
つり合いの式に当てはめると、2×20＝1×Aになるはず。よって、Aは40gだとわかる。

次に、一番上に注目しよう。左右どちらも、7cmと7cmで、ぴったり一致している。ということは、左右どちらも同じ重さがかかっている、ということ。右側は20＋A（40）＋20＋30＝110gかかっているので、左側のBも110gだとわかるね。

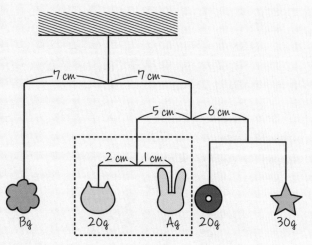

65

過去問チャレンジ！

No. I 2022年度川口市立高等学校附属中学校

① しんごさんは、防災訓練で救助用バールを使い、【図1】のように、たおれた本だなを持ち上げる体験を行いました。防災訓練が終わった後のしんごさん、みどりさんと先生の会話文を読んで、あとの問いに答えましょう。

【図1】

> **みどり**：たおれた本だなはかなり重そうだったけれど、しんごさんは簡単に持ち上げていたね。
>
> **しんご**：あの本だなは、重さが30kgあるらしいよ。道具を使わずに、手で持ち上げようとしても本だなはほとんど動かなかったけれど、救助用バールを使ったときは、本だなが楽に持ち上がったのでびっくりしたよ。
>
> **先　生**：救助用バールは、てこのはたらきを利用した道具であることに気がつきましたか。
>
> **しんご**：はい。最初は、救助用バールの支点からのきょりが短いところを持っていたのですが、消防隊員の方から「バールのはしを持たないと、重くて上がらないよ」と言われて思い出しました。
>
> **先　生**：みどりさん、てこのはたらきを利用した道具にはどのようなものがあったか、おぼえていますか。
>
> **みどり**：ペンチやせんぬき、それから、パンをはさむときに使うトングや、空きかんつぶし器があります【図2】。
>
> **先　生**：どれも正解です。たくさん答えられましたね。それでは、しんごさんに聞きます。みどりさんが挙げた4つの道具のうち、救助用バールとは異なり、作用点ではたらく力が、力点に加えた力より小さくなる道具はどれか、わかりますか。
>
> **しんご**：　A　だと思います。理由は、　B　からです。
>
> **先　生**：そのとおりです。
>
> 【図2】 てこのはたらきを利用した道具
>
> 　　
>
> 　　ペンチ　　　　せんぬき　　　　　トング　　　空きかんつぶし器

問1　次の（1）、（2）に答えましょう。

（1）空らん　A　にあてはまる道具を、次のア～エから1つ選び、記号で答えましょう。

　　　ア　ペンチ　　イ　せんぬき　　ウ　トング　　エ　空きかんつぶし器

（2）空らん　B　にあてはまる適切な言葉を、「きょり」という語を使って書きましょう。

　　てこのはたらきに興味をもったみどりさんとしんごさんは、放課後、実験用てこ1台と、1個あたりの重さが10gのおもり10個を用意して、てこが水平になってつり合うときのきまりについて、先生といっしょにくわしく調べることにしました。

先　生：まずは、授業で学習した内容の復習をしておきましょう。いま、左うでの目盛り6に20g分のおもりをつるすと、【図3】のようになります。

【図3】

みどり：左うでにだけおもりをつるしているので、うでは左にかたむきますね。

先　生：そうです。この状態から、右うでの目盛り1～6のうち、いずれか1か所の目盛りに、残った8個のおもりから何個かをつるして、実験用てこが水平につり合うようにします。このとき、目盛り1～6のそれぞれにおもりを何g分つるせばよいか、考えてみましょう。結果は【表】に書き入れてください。

【表】

	左うで	右うで					
目盛りの数	6	1	2	3	4	5	6
おもりの重さ(g)	20						

問2　解答用紙の【表】の空らんに、実験用てこを水平につり合わせるために必要なおもりの重さをそれぞれ書き入れましょう。ただし、残ったおもりだけでは実験用てこが水平につり合わないときは「×」を書きましょう。

みどり：先生、実験用てこの一方のうでに、たとえば、目盛り3と目盛り4のように、2か所以上の目盛りにおもりをつるした場合、てこが水平になってつり合うときのきまりはどうなるのでしょうか。

先　生：その疑問については、例を示し
　　　　ながら説明しましょう。【図4】
　　　　を見てください。この実験用て
　　　　こは水平につり合っている状態
　　　　です。

【図4】

しんご：見たところ、とても複雑そうで
　　　　すね。

先　生：手順をふめば、それほど難しく
　　　　はありませんよ。まずは、左う
　　　　でから見ていきましょう。目盛
　　　　りの数を支点からのきょりとし
　　　　たとき、目盛り4と目盛り3につるしたおもりがてこをかたむけるはた
　　　　らきは、それぞれいくつになりますか。

しんご：目盛り4につるしたおもりがてこをかたむけるはたらきは　C　、目
　　　　盛り3につるしたおもりがてこをかたむけるはたらきは　D　になり
　　　　ます。

先　生：そうですね。次に、みどりさん、右うでの目盛り6と目盛り2につるし
　　　　たおもりがてこをかたむけるはたらきは、それぞれいくつになりますか。

みどり：目盛り6につるしたおもりがてこをかたむけるはたらきは　E　、目
　　　　盛り2につるしたおもりがてこをかたむけるはたらきは　F　になり
　　　　ます。

先　生：そのとおりです。それでは、左うでと右うでで、おもりがてこをかた
　　　　むけるはたらきを合計してください。

しんご：左うでは、　C　と　D　をたして、200になりました。

みどり：右うでは、　E　と　F　の和なので、こちらも200になりますね。

先　生：一方のうでにおもりを2か所以上つるした場合は、おもりをつるしたそ
　　　　れぞれの目盛りの位置で、てこをかたむけるはたらきを計算します。
　　　　そして、左右のうでで、てこをかたむけるはたらきの和が等しくなれば、
　　　　実験用てこは水平につり合います。

問3　空らん　C　～　F　にあてはまる数をそれぞれ答えましょう。

No. 1

解答

問1 （1）ウ

　　（2）［例］支点から力点までのきょりより、支点から作用点までのきょりの方
　　　　　　が長い

問2

	左うで	右うで					
目盛りの数	6	1	2	3	4	5	6
おもりの重さ(g)	20	×	60	40	30	×	20

問3　C：80　　D：120　　E：180　　F：20

解説

問1　あまり力を入れなくてもよさそうなものは、図を見てもあきらかだね。強い
　　力ではさんだら図のロールパンがぺしゃんこになりそうだ…。念のため、て
　　この3点を見てみよう！

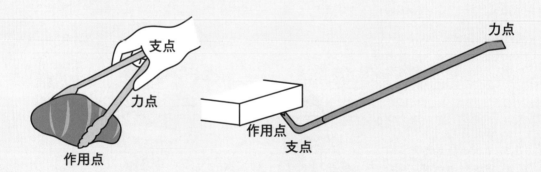

　救助用バールは、支点から力点までが長く、支点から作用点が短いので、小
さな力でも大きな力を発揮するよ。それに対してトングは、支点から力点ま
でが短く、それ以上に支点から作用点までが長いよ。作用点に加わる力より
も大きな力を力点にかけないといけないから、細かい作業に向いているよ。
おはしも同じ仕組みなんだ。

問2 左側には6の場所に2個のおもりがぶら下がっているので、6 × 2 ＝ 12の力がかかっているね。右も同じになるように組み合わせよう。

1の場所を使うとき…12 ÷ 1 ＝ 12個のおもりが必要。足りないので×

2の場所を使うとき…12 ÷ 2 ＝ 6個のおもりが必要。 6 × 10 ＝ 60

3の場所を使うとき…12 ÷ 3 ＝ 4個のおもりが必要。 4 × 10 ＝ 40

4の場所を使うとき…12 ÷ 4 ＝ 3個のおもりが必要。 3 × 10 ＝ 30

5の場所を使うとき…12 ÷ 5 は整数で割り切れないので×

6の場所を使うとき…12 ÷ 6 ＝ 2個のおもりが必要。 2 × 10 ＝ 20

問3 さっきと考え方は同じだから、難しくないよ！

C…4の場所に2個のおもりがぶら下がっているので、 4 × 2 × 10 g ＝ 80

D…3の場所に4個のおもりがぶら下がっているので、 3 × 4 × 10 g ＝ 120

E…6の場所に3個のおもりがぶら下がっているので、 6 × 3 × 10 g ＝ 180

F…2の場所に1個のおもりがぶら下がっているので、 2 × 1 × 10 g ＝ 20

対照実験のポイント

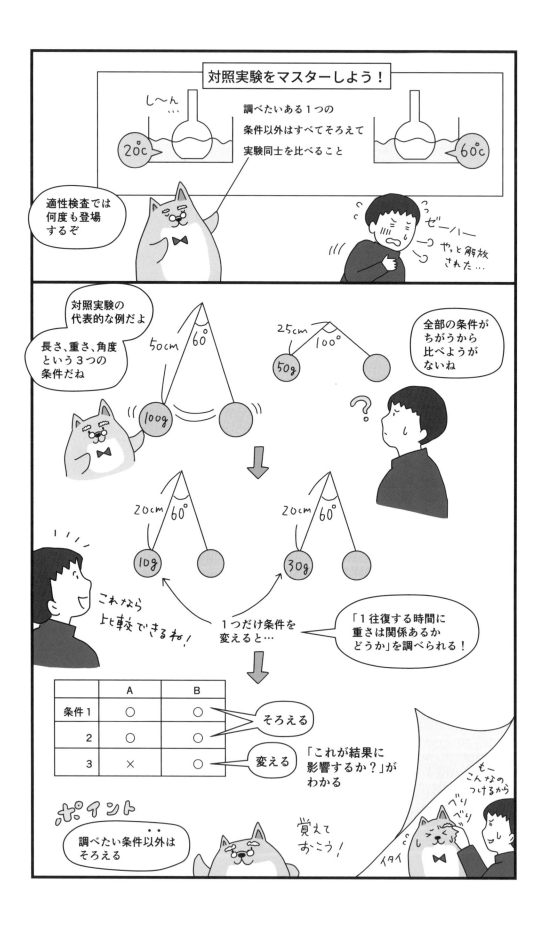

第2章
せいしつ
性質

体積と重さ

「体積と重さ」は、適性検査を受けるみんなにとって一番やっかいかもしれない…。複数の単位がいろいろ登場するし、計算も出てくるので、素早く、そして正確に、落ち着いて情報を処理していかないといけないんだ。特に、浮かべたりしずめたり…は苦手な人が多いよ。コツをまとめたから、がんばって慣れていこう！

✧∴ ポイント ∴✧

- **重さ**…すべてのものには重さがあり、形を変えたり、向きを変えたりしても重さは変わることはない。たとえば、紙で考えてみてね。折ったり、くしゃくしゃに丸めたり、裏向けたりしても、重さは変わらないよ。

- **体積**…その場所をしめる大きさのこと。ものの「かさ」とも言うよ。1辺が1cmの立方体（サイコロの形）を想像してみよう。体積は、たて×横×高さで計算できるんだ。先ほどのサイコロなら「1cm³」と表すよ！ もちろん、サイコロの形をしていなくてもいいんだ。ボールのような形でも、でこぼこしていても、ものには必ず「体積」があるんだよ。

- **体積の単位**…単位を計算するときは、すべての単位をそろえてから計算してね。たとえば、たて1m、横1m、高さ50cmの体積は、mとcmが混ざっているので、このままでは計算できないよ。mかcm、どちらかにすべてそろえてから計算するんだ。体積を表す単位はcm³以外にも、m³やkm³もある。液体だったら、dL、mL、Lも体積だよ。Lはみんなの生活でもよく耳にするんじゃないかな？

- **体積と重さ**…同じ大きさのゴムボールと、鉄のボールの場合、重さがちがうのはイメージできるよね。このように、同じ体積でも異なる物質を比べると、重さはまったく異なるんだ。たとえば、金の王冠と、金メッキ（表面だけ金でぬったもの）したニセモノの王冠の場合、大きさや見た目は同じでも、重さを比べたらすぐにちがいがわかってしまうんだ。

ノーコメント…。
返品、交換は
受けつけられません。

金のオノ
ぼしゅう中

あの〜、
わたしが落とした
金のオノ、
もっと重いはず
なんですけど…。

- 密度…1㎤あたりの重さのこと。それぞれ、ものによって異なるよ。そのものの重さ（g）を、そのものの体積（㎤）で割ると、密度が求められるんだ。水の密度は、1㎤あたりの重さが1g（4℃のとき）で、「1g/㎤」と表す。1g/㎤よりも重いものはしずみ、軽いものは浮くよ。

👆 合格力アップのコツ

　㎤やgなど、種類が異なる単位が出てくると、とたんにややこしく感じるけど、まずは体積と重さはまったく別ものだということを理解しよう。それから、調べたいものに合わせて、単位をそろえることも大事。たとえば、AさんとBさんの身長（cm）を比べたいとき、体重（kg）のデータはいらないよね。今、自分は何を求めないといけないのかきちんと整理して、計算途中も単位をつけながら書いていこう。

（例）25 ㎤ ×4＝100 ㎤
　　　500g÷100 ㎤＝5g/ ㎤

複数の単位が出てくるときは、面倒でも途中の単位をつけながら計算していくこと！
今、計算して出した数字の単位は何か、書いておくと自分もラクだよ

25×4＝100
500÷100＝5
5??

あれ？　今、何を
求めたんだっけ？

No.1

　4種類の金属A～Dを用意したところ、100cm³あたりの重さは次のようになりました。①～③について答えましょう。

金属	100cm³あたりの重さ
A	50g
B	100g
C	200g
D	800g

①金属A～Dを300cm³ずつ取り出したとき、それぞれの重さ（g）

②金属A～Dを200gずつ取り出したとき、それぞれの体積（cm³）

③金属A～Dそれぞれの密度（g/cm³）

No.2

　水の重さをはかると、100cm³あたり100gでした。このとき、水の密度は1g/cm³と表すことができます。次の空欄に入る言葉を記号から選びましょう。

> いくつか野菜を用意し、水に浮くか、しずむか実験することにしました。
> 密度が水よりも高いものは（　　①　　）が、低いものは（　　②　　）。
> まず、コップに水を入れます。
> そこに、カットしたきゅうりを入れると、水に浮かびました。
> 次に、きゅうりを取り出してから、水と同じ量のサラダ油をコップにそそぐと、層になって水の上に油が浮いていました。
> ここに、先ほどのきゅうりを入れると、水と油の層の境目で浮かび、上から油、きゅうり、水の順になりました。
> この実験から、密度が高い順に並べると、（　　③　　）ということがわかります。

A：浮かびます　　　　　　　B：しずみます
C：水、きゅうり、サラダ油　D：サラダ油、きゅうり、水

性質

2

解答

①A：150　　B：300　　C：600　　D：2400

②A：400　　B：200　　C：100　　D：25

③A：0.5　　B：1　　　C：2　　　D：8

解説

① 100cm³あたりの重さはわかっていて、①ではその3倍の300cm³を取り出すので、100cm³あたりの重さの3倍をそれぞれ書き込もう。

② Aは、50gで100cm³だから、200g取り出したら4倍の400cm³。

　Bは、100gで100cm³だから、200g取り出したら2倍の200cm³。

　Cは、200gで100cm³だから、200g取り出したらそのまま100cm³。

　Dは、800gで100cm³だから、200g取り出したら4分の1の25cm³。

③ 密度（g/cm³）を出すよう指示されているので、重さ（g）を体積（cm³）で割ろう。

　Aは、50 ÷ 100 = 0.5（g/cm³）

　Bは、100 ÷ 100 = 1（g/cm³）

　Cは、200 ÷ 100 = 2（g/cm³）

　Dは、800 ÷ 100 = 8（g/cm³）

②と③の答えを見比べてみよう。密度（③）の数字が大きいものほど、同じ重さでそろえたとき、体積（②）は小さくなるよ。たとえば、Dの密度は③の中で一番大きな値だけど、同じ200gでそろえたとき、Dの体積は②の中で一番小さくなる。ここが、みんな混乱するところだよ。ずっしり重い金属と、ふわふわの綿で考えてみよう。同じ重さを用意したら、大きさはどうだろう？　重い金属と同じ重さの綿をそろえようとすると、かなりの量が必要になりそうだよね。まずはこうやってイメージすることができれば、納得できるし、覚えやすいよ。

解答
① B
② A
③ C

2

性質

解説

水の密度【1 (g/cm³)】よりも高い物質はしずんで、低い物質は浮かぶ。
「地面よりも上にできる野菜は浮き、土の中にできる野菜はしずむ」と言われているよ。ただし、例外もいくつかあって、熟すと甘くなるようなものは、最初は浮いても熟したらしずむんだ。面白いね。

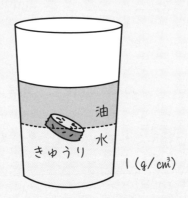

絵にしてみるとわかるように、水よりもきゅうりやサラダ油は上にあるので、一番密度が高いのは水のはず。そして、一番上にきているサラダ油が最も密度が小さいはずだね！　並べると、密度が高い順に、水・きゅうり・サラダ油、となるよ。

過去問チャレンジ！

Ⅲ 龍太さんと玉美さんは学校の理科室に移動して、いろいろな物体の浮きしずみについて調べることにしました。

【資料1】 先生からもらった資料

1cm³当たりの様々な物体の重さ(g)と水に入れたときの浮きしずみの様子						
物体	とうふ	木	鉄	銅	氷	水
物体の重さ(g)	1.1	0.8	7.9	8.9	0.9	1.0
浮きしずみの様子	しずむ	浮く	しずむ	しずむ	浮く	

龍太：実験することを先生に話したら資料をくださったんだ。

玉美：実験の手がかりになりそうね。資料をよく見ると<u>きまり</u>があることがわかるわね。

問8 二人の会話文の下線部にある、きまりとは何か、【資料1】を見て説明しなさい。

龍太：先生からもらった資料以外にも、いろいろな物体について調べてみよう。

【実験1】 4つの物体を水に入れたときの浮きしずみの様子

物体	物体A	物体B	物体C	物体D
物体の重さ(g)	90	90	90	90
物体の体積(cm³)	60	120	50	100
浮きしずみの様子	しずむ	浮く	しずむ	浮く

龍太：実験から、重さが同じとき、体積が浮きしずみに関係しているようだ。

玉美：そうだね。次は重さを変えて実験してみよう。

【実験2】 4つの物体について重さを変えたときの水中での浮きしずみの様子

【実験1】で使った4つの物体について、それぞれの重さを変えて水に入れたときの浮きしずみの様子を調べてみたが、【実験1】と同じであった。

龍太：やっぱり、体積が関係しているようだね。

玉美：ところで、物体Aと物体Cはしずむんだけど、水中で両方持つとAの方が軽く感じるのよね。本当にそうなのかな。もしかして体積が関係しているのかな。

龍太：実際にばねばかりを使って調べてみよう。

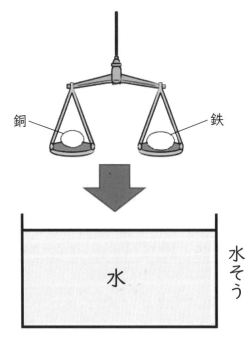

【実験3】【実験1】で水にしずんだ物体A、物体Cの空気中と水中のそれぞれの重さ

ばねばかりではかったときの重さ

	物体A	物体C
空気中での重さ	90g	90g
水中での重さ	30g	40g

空気中での重さ　　水中での重さ

玉美：この実験から、水にしずむものでも、水中では重さにちがいがあるんだね。

問9　下の【図7】のように、同じ重さでつり合っている銅と鉄があり、これを水中に入れるとどうなるか、下のア〜ウから1つ選び、記号で答えなさい。また、その理由を「空気中で同じ重さの銅と鉄を水中に入れると」の言葉に続けて、「体積」という言葉を使って答えなさい。ただし、【資料1】と【実験1】〜【実験3】を見て答えること。

　　ア　つり合っている　　　イ　鉄の方に傾く　　　ウ　銅の方に傾く

銅　　　　　　　　　　　鉄

水

水そう

【図7】 同じ重さの銅と鉄をてんびんにのせて水中に入れようとしている様子

④ みなみさんと先生は、水の中にあるものにはたらく力について話しています。次の【会話文】を読んで、あとの問題に答えなさい。

【会話文】

みなみさん：週末に海辺の公園に行ったとき、大きな船を見ました。大きくて重たい船が海に浮かんでいられるのは、なぜなのでしょう。

先　　　生：それは、船に浮力がはたらいているからです。

みなみさん：浮力とは何ですか。

先　　　生：浮力がどのようなものか、かんたんな実験で確かめてみましょう。

先　　　生：ここに、立方体のおもりとばねがあります。【写真1】のように、ばねにおもりをつるすと、おもりの重さによってばねに下向きの力がはたらき、ばねが伸びます。

　　　　　　次にみずを入れた水そうを用意し、【写真2】のように、ばねにつるしたおもりを水中にしずめます。ばねの変化に注目すると・・・。

【写真1】　　　　　　　【写真2】

みなみさん：すごい！おもりを水中にしずめると、ばねの伸び方が変わりました。どうしてばねの伸びが小さくなったのですか。

先　　　生：水中でおもりに上向きの力がはたらき、その分、ばねにはたらく力が小さくなったからです。この上向きの力が、浮力です。

みなみさん：船が海に浮かぶのは、水中で船に上向きの大きな力がはたらくからなのですね。

先　　　生：その通りです。

みなみさん：ところで、おもりと船とでは、はたらく浮力の大きさがちがうと思うのですが、浮力の大きさは、何によって決まるのでしょう。

先　　　生：よい疑問ですね。どんな実験をしたら、この疑問を解決できそう
　　　　　　です。

みなみさん：えーと・・・。たとえば、おもりの重さや大きさなどを変えて、
　　　　　　浮力の大きさがどうなるかを実験してみたいです。

先　　　生：それはよい考えですね。

みなみさん：でも、おもりにはたらく浮力の大きさを、どうやって調べたらよい
　　　　　　かがわかりません。

先　　　生：【写真1】と【写真2】のばねの伸びた長さをそれぞれはかり、そ
　　　　　　の長さの差から、浮力の大きさを求めることができます。

みなみさん：どうして、ばねの伸びた長さで、力の大きさがわかるのですか。

先　　　生：ばねの伸びた長さは、ばねにはたらいた力の大きさに比例するか
　　　　　　らです。ちなみに、【写真1】と【写真2】のばねは、1ニュート
　　　　　　ンの力を加えるごとに、4.0cmずつ伸びます。

みなみさん：1ニュートンとは何でしょう。

先　　　生：ニュートンは、力の大きさを表す単位です。100gのおもりをばね
　　　　　　につるしたときに、ばねにはたらく下向きの力の大きさを、1ニュー
　　　　　　トンとして考えます。

みなみさん：なるほど。もしも、ばねに200gのおもりをつるせば、下向きに2
　　　　　　ニュートンの力がはたらくということですね。

先　　　生：その通りです。

問題1　みなみさんが、【写真1】と【写真2】のばねの伸びた長さをそれぞれはかっ
　　　　たところ、【写真1】のばねの伸びた長さは5.2cmで、【写真2】のばねの伸
　　　　びた長さは2.8cmでした。次の（1）、（2）の問いに答えなさい。

（1）【写真1】のおもりの重さは何gですか。

（2）【写真2】のおもりにはたらく浮力の大きさは何ニュートンですか。小数第1位
　　　まで答えなさい。

No. 1

解答

問8　1㎤当たりの物体の重さが水の1.0gよりも重いとしずみ、軽いとうくということ。

問9　ウ

（空気中で同じ重さの銅と鉄を水中に入れると）体積が大きい方が水中では軽くなる。同じ重さのとき、鉄の方が体積は大きいため、水中では鉄が軽くなり、てんびんは銅にかたむく。

解説

問8　適性検査は、"その知識を知っていればラク"な問題も時々あるけど、知らなくても、資料からちゃんと答えが出せるようになっているよ。体積などいろいろな数字が出てきてもあせらず読み解こう。

表の水のところにだけ斜線（／）が引いてある。そして、他の物体は水の1.0gよりも軽いと浮き、重いとしずんでいる。これを説明するだけだよ。記述の答えを作るときは、表のタイトルを有効活用しよう。「1㎤当たりの」や、「物体の重さ」がそのまま使えるね！

問9　まずは実験3を見てみよう。

【実験3】【実験1】で水にしずんだ物体A、物体Cの空気中と水中のそれぞれの重さ

ばねばかりではかったときの重さ

	物体A	物体C
空気中での重さ	90g	90g
水中での重さ	30g	40g

空気中での重さ　　水中での重さ

空気中では同じ90gのはずなのに、水中だと10gも差が出ているよ。Aは30g、Bは40gになっている。この30や40はいったいどこから出た数字なんだろう？

【実験1】 4つの物体を水に入れたときの浮きしずみの様子

物体	物体A	物体B	物体C	物体D
物体の重さ(g)	90	90	90	90
物体の体積(cm³)	60 ↘ 30	120	50 ↘ 40	100
浮きしずみの様子	しずむ	浮く	しずむ	浮く

実験1を見てみると、重さの数値から体積の数値を引いた値が、実験3の水中での重さになっているよ。同じ重さ（90g）のとき、体積が大きいA（60cm³）の方が、水中では軽くなるんだ。

まとめると…
①物体の重さ ＞ 物体の体積になると、しずむ
②（空気中で）同じ重さのとき、体積が大きい方が、水中では軽くなる。

では、鉄と銅、どちらの体積が大きいのか確認しよう。
資料1を見ると、同じ体積のときは、銅の方が重いね。

物体	鉄	銅
1cm³当たりの重さ	7.9g	8.9g

ということは、同じ重さにそろえるなら、体積が大きいのは鉄になるはず。例題No.1を思い出してみよう。同じ体積で比べたときに軽い方が、同じ重さで比べると体積が大きくなるんだよ。

先ほどの②にもどろう。体積が大きい方が、水中で軽くなるんだったね！ということは、体積が大きい鉄の方が、水中では軽くなるはず。空気中ではてんびんがつり合っていても、水中なら鉄が軽くなり、銅の方にかたむくよ。

No.2

解答
問題1 （1）130（g）　　（2）0.6（ニュートン）

解説
問題1 いろいろな単位が出てくるので、まずは整理しよう！
✓ 1ニュートンの力を加えるごとに、ばねは4.0cmずつ伸びる
✓ 1ニュートン：100gのおもりをばねにつるしたとき、下向きにかかる力
この2つが、会話文の中で出てきたね。この情報を合体させよう。

✓100gのおもりをばねにつるすと、1ニュートンの力がかかり、ばねが4.0cm伸びる

ここまで整理できれば、あとは計算するだけだよ！

整理した情報		写真1	写真2
おもりの重さ(g)	100g	（1）g	
下向きにはたらく力（ニュートン）	1ニュートン		（2）ニュートン
ばねの伸び(cm)	4.0cm	5.2cm	2.8cm

（1）整理した情報と比べると、5.2÷4.0＝1.3倍伸びているね。このことから、つるしたおもりは100×1.3＝130gとわかる。

（2）整理した情報と比べると、2.8÷4.0＝0.7倍になっているね。答えは0.7ニュートンかな？　実はちがうよ。上の表を見てわかるように、0.7ニュートンは、「下向きにはたらく力」。（2）では「浮力の大きさ」を聞かれている。会話文の中でコメントしているように、浮力は「上向き」の力のことを指す。

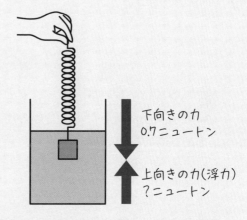

下向きの力
0.7ニュートン

上向きの力（浮力）
？ニュートン

もともと水に入れる前（写真1の状態）は、この物体にはどのくらい下向きの力がかかっていたかというと、（1）を参考にすると、1×1.3＝1.3ニュートン。これが、上向きの力によって打ち消されて0.7ニュートンになったということは、上向きの力は、1.3－0.7＝0.6ニュートン働いていることがわかる。計算はとても単純だけど、何を聞かれているか慎重に見極めないといけない難しい問題だったね。

どんぶらこ失敗

せんたく、せんたく～

しまった～さくらんぼで来たら水にしずんでしまった…。次は水に浮かぶ桃にしよう…

おばあさん、気づいて～

さくらんぼ（桜桃と書くよ）は桃の仲間だけど、水にしずむよ

2 熱による変化

　水や空気、金属など、身の回りのものはすべて熱による影響を受けている。適性検査では、水の変化や空気の流れなど、基本的な知識も必要だけど、身近な現象に関心を持っているかどうかが試される。「知っている」と思っていることも、「どうしてだろう?」と考えてみると、説明できないこともたくさんあるはず。興味を持って身の回りをながめて、疑問を持ったことはどんどん調べてみよう。

✨ ポイント ✨

● **金属の変化**…金属は温められると体積が大きくなる。金属のボールを輪っかに通す実験が有名だよ。金属のボールを温めることで体積が大きくなって輪を通らなくなり、冷やすとまた元通りに輪っかを通るようになるんだ。

● **水の変化**…水は3つの姿があり、固体・液体・気体に変化するよ。固体は氷で、液体は蛇口から出てくる水の状態で目に見えるけど、気体の水蒸気は目で見ることができないんだ。今、キミの周りにも、見えていないだけでたくさん存在している。冬にはく息が白くなるのは、水蒸気が冷えて水のつぶになったものだよ。目に見えるということは、水蒸気ではないということ。ふっとうしたお湯から出る白い湯気も同じで、水のつぶ、つまり液体だよ。ただ…ややこしいのは、100℃でふっとうしたときにたくさんボコボコと上がってくる「あわ」。あのあわは目に見えるけど、正体は水蒸気。「あわ」という形をとっているだけで、中身は水蒸気なんだ。

水蒸気は目に見えないけど、水がふっとうしたときのボコボコ上がってくる「あわ」は目に見える。正体は水蒸気なんだ

● **空気の変化**…空気は温めるとふくらみ、冷えると体積が小さくなる。密閉したお菓子袋などに空気を入れて、お湯の中に入れるとふくらむけど、そのまま冷蔵庫に入れると、ふくらみは小さくなるよ。同じように水も温度によって体積は変化するけど、空気の方が変化は大きいんだ。

● **熱による変化**…物質によって、どのくらい体積が増えるか、どのくらい温ま

りやすいか、熱をキープできる時間はどのくらいか、何℃で変化するのか、それぞれちがいがある。また、熱によって気体や液体になったり、見た目が変わったりしても、まったく別のものに変化するわけではなく、重さは変わらないんだ。

- 熱の伝わり方…金属は、熱したところから遠くに向かって熱が伝わる。水や空気は、温めると軽くなるので上へ移動し、冷えると重くなるのでまた下へもどる…をくり返すことで全体が温まっていく。これを、「対流」と言うよ。

☝ 合格力アップのコツ

ややこしく感じるかもしれないけど、身の回りの現象で考えると、イメージしやすいよ！ たとえば、お風呂は熱いところが上にたまっているので下からかき混ぜたり、寒い日は息が白くなったり、冷蔵庫を開けたら冷たい空気が足の方にヒヤッと降りて来たり…。そうやって、身近なことで想像してみると覚えやすいし、取り組みやすくなるよ。

✏ 例題

No.1

冬のある日、しょう君がエアコンの暖房機能を使って部屋を暖めていると、お姉さんから「せん風機も一緒に使ったほうがいいよ」とアドバイスをされました。お姉さんがこのようにアドバイスした理由は何でしょうか。また、せん風機はどのように使えばいいか、あわせて説明しましょう。

No.2

次のような方法で温まり方を確認しました。それぞれふさわしいものをA～Cの中から答えましょう。

①水と示温テープ

試験管に水と示温テープを入れ熱したとき、色が最後に変化するところ。

※示温テープ…もともとは黄色で、一定の温度を超えるとオレンジ色に変化するタイプのもの

②金属とロウ

火のついたロウソクから金属板に3滴ずつロウを垂らし、時間をおいて冷ました。

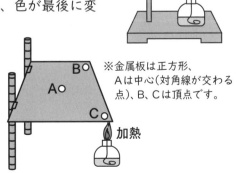

※金属板は正方形、Aは中心（対角線が交わる点）、B、Cは頂点です。

一定の温度を超えるととけるが、金属板の頂点を熱したとき、ロウが最後にとけるところ。

No.3

　熱によるぼう張率（どのくらい体積が変わるか）は、金属によってちがいがあります。たとえばアルミニウムと鉄を比べると、アルミニウムの方が熱したときの変化は大きいです。次の図のように、同じ体積の鉄とアルミニウムをぴったり組み合わせて接着させたとき、熱を加えるとどのような変化が起こるでしょうか。記号で選びましょう。

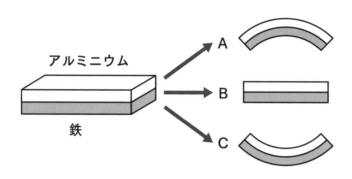

解答

暖かい空気は部屋の上の方にたまるので、せん風機を上に向けて使用し、上の暖かい空気を下へ、そして下の冷たい空気を上に送ることで、効率よく部屋を暖めることができるから。

解説

「サーキュレーター」という小型のせん風機が家にある人もいるかもしれないね。エアコンは部屋の上の方についているので、そのままでは部屋の上の方に暖かい空気がたまりやすい。サーキュレーターやせん風機を使って部屋の空気を循環させることで効率よく部屋が温まるので、設定温度の上げ過ぎを防ぐことができる。環境にもやさしいし、エアコンの電気代をおさえることもできるよ。

No.2

解答

① B

② B

解説

①加熱したポイントと、温められた水が移動する試験管の上部から色が変わるよ。加熱したところは小さい範囲で色が変わり、試験管上部はじんわりと広い範囲で色が変わっていくんだ。最後に、中間あたりが変化するよ。温められたところからまずは上に熱が伝わり、だんだんと下へ降りてくることがわかるよ。

試験管の中央から加熱したらどうなるだろう？　その場合は、同じように上から温まるけど、下側はなかなか温まらないんだ。

ここで対流が起きるので、下側にはなかなか熱が伝わらない

加熱

②金属は、温めたところから輪を描くように熱が伝わっていくよ。つまり、加熱ポイントを円の中心とすると、半径が近い順に熱が伝わるということ。AよりもBの方が遠いから、最後に温まるのはBだね。

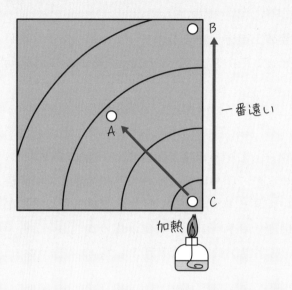

No.2

解答

A

解説

ぼう張率が大きいというのは、変化が大きいということ。上のアルミニウムの方が熱ぼう張が大きい、つまりより大きく変化するはず。下の鉄は変化が小さいはず。つまり、上側がより変化しているAが正解。

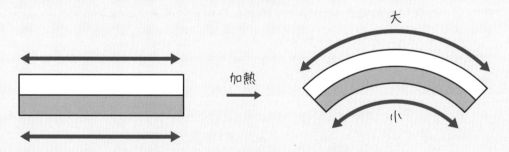

このように、ぼう張率の異なる金属を組み合わせたものを、「バイメタル」と言うよ。一定の温度で曲がったり元にもどったりする性質を利用し、オンとオフを切り替えるスイッチとして身近な電化製品の内部で活やくしているんだ。たとえば、温度が上がり過ぎたときに自動でスイッチオフになる安全装置として、ドライヤーなどの製品の内部に使われている。

過去問チャレンジ！

けいこさんとゆうたさんは、理科クラブに所属しています。ゆうたさんは、運動会の大玉転がしの大玉を準備したときのことを思い出し、けいこさんに話しています。

朝、空気を入れて日なたに置いた大玉を、昼にさわったら、朝と比べてふくらみが変わっていたよ。

ゆうたさん

けいこさん

空気の性質が関係しているかもしれないね。空気の性質について調べる実験を考えてみたよ。

【けいこさんが考えた実験】

- 室温25℃の理科室で実験する。
- 2本の空の試験管の口にせっけん水のまくをつける
- 口にせっけん水のまくがついた試験管を、4℃の氷水と60℃の湯にそれぞれ入れる。
- 4℃の氷水と60℃の湯にそれぞれ入れた、試験管のせっけん水のまくがどうなるか調べる。

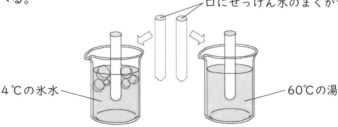

口にせっけん水のまくがついた試験管

4℃の氷水

60℃の湯

4℃の氷水に試験管を入れると、せっけん水のまくは（　①　）よ。60℃の湯に試験管を入れるとせっけん水のまくは（　②　）よ。

ゆうたさん

―――――――― 問題7 ――――――――

①、②にあてはまる言葉として最も適したものを、下のアからウまでの中からそれぞれ1つずつ選び、記号で答えなさい。

ア　ふくらむ　　イ　変わらない　　ウ　へこむ

2 **りょう**さんと**みさき**さんが、理科室で**先生**と話をしています。

りょう：理科室にはいろいろな温度計があるね。

みさき：先生、このガラスでできた棒状の温度計の仕組みを教えてください。

先　生：その温度計で温度を測定することができるのは、ガラス管の中に入っている赤く着色された灯油の体積が、周囲の温度によって変化するからです。

りょう：この赤い液体は水ではないのですね。水が用いられていない理由があるのですか。

みさき：水は0℃で凍ってしまい、0℃以下を測定できないからですね。

先　生：よく気が付きましたね。でも理由はそれだけではないのです。2人で実験をして、水の温度と体積の関係を調べてみると分かりますよ。

【実験】

①（図1）のように、4℃の水を容器に満たし、これに細いガラス管とデジタル温度計を通したせんをはめる。このとき、容器の中に空気が入らないように注意する。

②ガラス管には1mmごとに目盛りが刻まれており、4℃のときの水面の高さに目盛りの0がくるようにする。

③容器を温め、中の水の温度が上がるにつれて、ガラス管の中の水面の高さがどのように変化するのかを調べる。

④水の温度を4℃にもどした後、容器を冷やし、中の水の温度が下がるにつれて、ガラス管の中の水面の高さがどのように変化するのかを調べる。

図1

２人は実験を行いました。（**表1**）は実験の③と④の結果をまとめたものです。

表1　水の温度と水面の高さの関係

③の結果

水の温度〔℃〕	4	5	6	7	8	9	10
水面の高さ〔mm〕	0	0.5	3.0	5.5	9.5	16.0	24.0

水の温度〔℃〕	11	12	13	14	15	16	17
水面の高さ〔mm〕	34.5	47.0	60.5	75.0	95.0	117.5	155.0

④の結果

水の温度〔℃〕	4	3	2	1
水面の高さ〔mm〕	0	3.0	10.0	24.0

※容器やガラス管そのものの体積の変化は考えないものとします。

先　生：ガラス管の内部の水は円柱の形をしていて、円柱の底面の円の直径は1.5mm
　　　　です。

りょう：例えば水の温度が4℃から9℃に上がったとき、（**図2**）の色のついた円柱
　　　　の体積を計算すれば、水の体積がどれだけ増えたか分かりますね。

図2

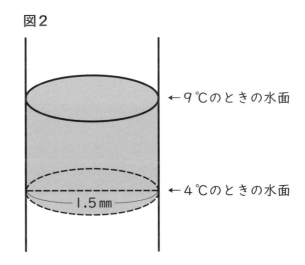

←9℃のときの水面

←4℃のときの水面

1.5mm

〔問題1〕水の温度が4℃から9℃に上がったとき、（**図2**）の色のついた円柱の体積
　　　　を計算すれば、水の体積がどれだけ増えたか分かりますね。とありますが、
　　　　水の温度が4℃から9℃に上がったとき、水の体積がどれだけ増えたか式
　　　　を書いて求めなさい。ただし、円柱の底面の円の直径は1.5mm、円周率は3.14
　　　　とし、単位はmm³で答えることとします。

先　生：水の温度と増えた体積の関係を調べるために、縦軸に増えた体積、横軸に
　　　　温度を表し、そこに点をかいて表してみましょう。

みさき：（表1）をもとに、さっきと同様の計算を繰り返して、点をかいていけばよ
　　　　いのですね。

りょう：点をかいていくと（図3）のようになりました。

先　生：灯油でも同様に温度と増えた体積の関係を調べたものが（図4）です。

図3　　　　　　　　　　　　　　　　図4

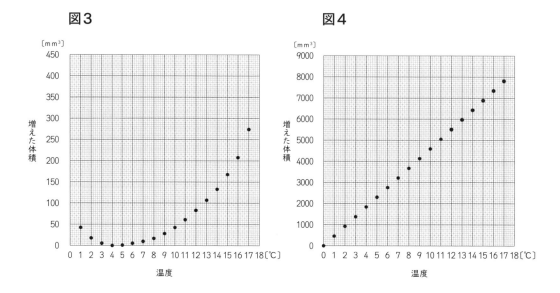

※水では4℃のときの水面の高さに目盛りの0がくるようにしましたが、灯油では0℃
　のときの液面の高さに目盛りの0がくるようにしました。

みさき：<u>0℃で凍ってしまい、0℃以下を測定できないということ以外にも、水が温
　　　　度計に用いられる液体としてふさわしくない理由があることが分かったわ。</u>

〔問題2〕<u>0℃で凍ってしまい、0℃以下を測定できないということ以外にも、水が
　　　　温度計に用いられる液体としてふさわしくない理由があることが分かったわ。</u>
　　　　とありますが、灯油と比べて、水が温度計に用いられる液体としてふさわ
　　　　しくない理由を一つ答えなさい。

過去問チャレンジ解説

解答

① ウ　　② ア

解説

空気は、温めるとぼう張してふくらみ、冷えると体積が小さくなってへこむよ。簡単な実験だから、ぜひやってみてね。

ところで、この試験管をかたむけて実験しても、まっすぐ立てたときと同じように、せっけん水のまくは温度が上がればふくらみ、温度が下がればへこむんだ。

では、ペットボトルの口のところにせっけん水でまくを張って下向きにして、上側を温めたらどうなるだろう？

実は、下向きにしてもふくらむんだ。空気が温められて上に行くことから、「上だけにふくらむ」と考えないように気をつけてね。中に入っている空気の体積が大きくなるので、まくが上向きでも横向きでも下向きでも、温めればふくらむよ。

お好み焼き

カップケーキ

中の空気の小さいつぶが高温でぼう張し、ふわふわの焼きあがりになるよ

No.2

解答

問題1　　式：0.75×0.75×3.14×16.0

答：28.26㎤

問題2　　灯油ではことなる温度であればことなる目もりを示すが，水ではことなる温度であっても同じ目もりを示す場合があるから。

解説

問題1 円柱の体積は、底面積×高さで出すことができるよ。まだ習っていなかった人は、この機会に覚えておこう。

また、底面積の円は、半径×半径×円周率で求められる。半径は直径の半分なので、1.5÷2＝0.75㎜、高さは表1の9℃のところを見ると16.0㎜だとわかるよ。あとは、半径×半径×円周率×高さを計算すれば答えが出るね。

なお、「16.0」は、表にのっている通りに書こう。勝手に「16」にしないようにね。わざわざ小数第一位が「0」と書かれているのは、16.1でも16.2でもなく、16.0であることが大事だからだよ。「16.0だから16でもいいか！」と判断せず、表にのっている通りの表記をすること。

問題2 「灯油と比べて」とヒントを出してくれているよ。図3（水）、図4（灯油）を比べてみよう。あきらかにちがいがあるよね。図3はカーブしているけど、図4はまっすぐ。つまり、まっすぐ変化するなら使いやすいけど、カーブすると温度計としては使いづらいということだね。

次に、温度計について考えてみよう。当然のことだけど、温度計の役目は正しく温度を測ること。水のグラフのようにカーブしていると、なぜ正しく測れないのだろうか、と考えてみるよ。

温度によって、変化の仕方が変わるから、というのは△だよ。たしかに、10℃くらいのところと18℃くらいのところでは、体積の増え方が異なるよね。でも、増える体積に合わせて目盛りを打っておけば、中の水がどんな増え方をしようと関係ないはず。

温度計にとって一番困るのは、「何度かわからない」ことだよね（そんな温度計があったら困る…）。図3を見ると、カーブしていることによって、同じ体積になるところがある。

たとえば、1℃のときと10℃のときに増える体積はほぼ同じ。つまり、同じくらい目盛りに変化が起きるので、「1℃か10℃かわからない」という混乱が起きて、温度計として意味がなくなってしまうということ。水は4℃を境に、温度が上がっても下がっても体積が増えるという特徴があるんだよ。

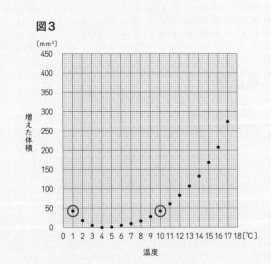

図3

とかす

　水よう液は、適性検査の中でも覚えることが多い。でも、そういうものほど覚えてしまえば解けるものが多いんだ。学校でも実験をするはずなので、しっかり聞いておいてね。実験して自分の目で確認したことは記憶に残る。「実験って楽しい！」という気持ちを忘れずに取り組んでね。

✨ ポイント ✨

- 水よう液…食塩や砂糖などが、全体にとけてひろがっている液体のこと。とかす前の水と、とかすもの（水に混ぜるもの）の合計が、水よう液の重さになるよ。とかして目に見えなくなったからといって、消えたわけではないからね！

【これは水よう液じゃない！】
①すき通っていないもの（牛乳のようにコップの向こう側が見えないものはダメ）
②とけたものが、液体の中で一部にたまっているもの（場所によって濃さが異なるものはダメ）
③時間を置くと分離するもの（どろ水のように、放置していると底の方や上ずみに分かれるものはダメ）

- とけているもの…固体がとけたものは、とかした固体を取り出すことができるよ。でも、液体や気体をとかしたものは、取り出すことができない。「取り出すことができる」とは、加熱や蒸発など何かしらの作業をすれば、目に見える形でとかしたものが現われること。たとえば、食塩水（固体の食塩がとけたもの）を蒸発させれば、とかした食塩を取り出せる。でも、炭酸水（気体の二酸化炭素がとけたもの）を蒸発させても、きれいさっぱり何も残らないよ。

- とける量…どのくらいとかすことができるかは、ものによって異なる。たとえば、食塩と砂糖では、同じ量の水にとける量は異なるんだ。限界までとかした状態を、「ほう和」と呼ぶよ。

【たくさんとかしたいとき】
①水の量を増やす
②温度を上げる

　ただし、注意点がある。①の方法は、水の量を2倍、3倍にすれば、とかすことのできる量も2倍、3倍…と増えていくけど、②の方法は、とかすものによって異なるよ。たとえば、ミョウバンは温度が上がるとどんどんとけるようになるけど、食塩は温度が変わってもとける量はあまり変化しないんだ。さらに、固体とはちがい、気体は温度が上がるほどとけにくくなるよ。「熱くすればたくさんとける！」と思い込まないように注意してね。

【とけているものを取り出したいとき】
①加熱して蒸発させる
②放置して自然に水分が蒸発するのを待つ
③温度を下げる

　水が多ければ、その分とける量も増えるので、水を減らせばとけきれなくなった分が出てくるよ。これが、①、②の方法だね。
　温度によってとける量が大きく変化するものについては、冷やすととけ残りが出てくる。これが③の方法だね。ただ、食塩は温度によってとける量はほぼ変わらず、冷やしてもほんの少ししか取り出せないので、向いていないよ。

塩分濃度が高い湖に生息する野生の
フラミンゴの赤ちゃんは、移動中、足
に塩の結晶ができてしまう。それでも
一生けん命に水辺を求めて歩くんだ。

重いよ～

コッチだよ～
がんばれ～！

・**性質**…酸性、中性、アルカリ性があり、いろいろな方法で調べることができるよ。強さは「ph（ピーエイチ）」で表す。みんなの体の中の胃で働いている胃液は酸性で、身体を洗うせっけんはアルカリ性だよ。畑の土や、川の水などの場合、どちらかの性質にかたより過ぎると作物や生息する生き物にとって有害になってしまうので、逆の性質の薬をまいて打ち消すことがある。たとえば、畑は作物を育てているうちにだんだんと酸性にかたよって野菜の根

を傷つけてしまうので、アルカリ性の石灰をまいて調整するんだ。でも、アルカリ性にかたより過ぎると、今度は成長が遅くなったり病気になったりする。野菜によって適したphの強さが異なるから難しいんだ。

- 性質の調べ方…青色リトマス紙が赤く変化するのは酸性。赤色リトマス紙が青く変化するのはアルカリ性。どちらのリトマス紙を使っても、色が変わらないときは中性だよ。

- 小学校の実験で使う主な水よう液…

名前	食塩水	炭酸水	うすい塩酸	水酸化ナトリウム水よう液	石灰水	アンモニア水
とけているもの	食塩（固体）	二酸化炭素（気体）	塩化水素（気体）	水酸化ナトリウム（固体）	消石灰（固体）	アンモニア（気体）
性質	中性	酸性	酸性	アルカリ性	アルカリ性	アルカリ性
特徴	温度を変えても、とける量がほぼ変わらない。水を蒸発させると、白いつぶが出る	細かなあわが見える。石灰水と混ざると、白くにごる	においがある。アルミニウムと鉄をとかす	濃くなると危険なので加熱しないこと。アルミニウムをとかす	二酸化炭素を入れ、振ると白くにごる	鼻をつんとつくようなにおいがある

酸

「サンタさんは赤い服」と覚えてね
酸・赤を覚えていれば、アルカリ・青は自動で決まるよ

\酸タさんです！/

- 水よう液と金属…水よう液の中には、金属を別のものにする働きを持っているものもあるよ。たとえば、アルミニウムや鉄などを炭酸水に入れても変化しないけど、塩酸に入れるととける。また、水よう液を蒸発させ、とけた物質を取り出すと見た目もちがっているし、電気も通さなくなるので、金属ではないものに変化していることが確認できるよ。

適性検査では、たとえば「〇〇水は何性で、何がとけていますか」というような知識だけを問う問題はほとんどないよ。その代わり、後で過去問チャレンジで紹介するような、計算がたくさん出てくる問題や条件整理の問題として登場するんだ。知識だけ問われることはないとはいえ、知っていると自信を持って速く解ける問題も結構あるので、覚えることも、実践して慣れることも、バランスよく取り組んでいこうね。

例題

No.1

次の4つの液体のうち、「水よう液」と言えるのはどれでしょうか。すべて選んで答えましょう。ない場合は、「なし」と答えましょう。

①　コーヒー牛乳　　②　ぼくじゅう　　③　オレンジ果汁　　④　とうふのおみそ汁

No.2

2つのビーカーに、まったく同じ量の液体が入っています。片方はうすい食塩水、片方は濃い食塩水ですが、見た目ではわかりません。濃い食塩水を見分ける方法を2通り答えましょう。なお、調べるときは、理科室にある器具（下図）を何度でも、かつ複数同時に使用できるものとします。

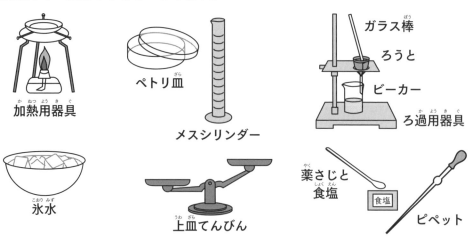

加熱用器具　ペトリ皿　メスシリンダー　ガラス棒　ろうと　ビーカー　ろ過用器具　氷水　上皿てんびん　薬さじと食塩　食塩　ピペット

例題解説

No.1

解答 なし

解説

意地悪な問題でした…ここに出したものは、すべて水よう液ではないよ。コーヒー牛乳やぼくじゅうは透明ではないし、おみそ汁は、部分的に水よう液のところもあるけど、とけない具も入っているからね。オレンジ果汁は水よう液と思ったかもしれないね。でも、水よう液とは「何かを"水に"とかした液体」だよ。図を見ると③はオレンジをしぼった汁そのものだから、水に何かとかして作ったものではないよ。

No.2

解答

- ピペットで同じ量を取り出し、ペトリ皿に入れて時間を置く。白いつぶが多く出た方が濃い食塩水。
- 薬さじで同じ量ずつ追加の食塩を入れていく。先にとけ残りが出た方が濃い食塩水。

別解例

- メスシリンダーに同じ体積を取り、重さをはかる。重い方が濃い食塩水。
- ピペットで同じ量を取り出し、加熱する。白いつぶが多く出た方が濃い食塩水。

解説

理科の実験で、「なめる」は絶対ダメ！　もし食塩でない場合はとても危険だからね。それから、「鼻を近づけてにおいをかぐ」「さわる」というような方法も、水よう液を見分ける問題ではふさわしくないよ。
ろ過は、とけているものと、とけていないものを分ける方法なので、食塩水（完全にとけているもの）をろ過しても何も出てこないよ。
また、食塩水は温度によってとける量はあまり変化しないので、氷水で冷やしてとけ残りを出す方法は向いていないんだ。

なめて確認…

なめちゃダメー!!

過去問チャレンジ！

No.1 2021年度茨城県共通問題

けんたさんとゆうかさんは、先生といっしょに、色のついていない7種類の液体（図1）を区別しようとしています。

先　生：7種類の液体は、うすい塩酸、炭酸水、石灰水、食塩水、アンモニア水、水酸化ナトリウムの水よう液、水のどれかです。どのように調べればよいですか。

ゆうか：まず、実験器具を使わずに**AとC**だけは、はっきり区別できますね。

けんた：そうだね。次はどうしようか。

ゆうか：リトマス紙で調べてみようよ。

けんた：リトマス紙で調べるときに、調べる液体を変えるには、 ① ことが必要だね。

ゆうか：リトマス紙で酸性、中性、アルカリ性がわかるね。

けんた：AとEとF、BとC、DとGの3つのグループに区別できたね。

ゆうか：DとGは ② 実験で区別してみようよ。

けんた：Dには、白い固体が出たので、はっきり区別できたね。

ゆうか：では、AとEとFは、どうやって区別しようか。

けんた：Aがわかっているから、EとFの区別だね。

ゆうか：EとFを区別するために、 ③ 実験をしてみよう。

けんた：Eだけ白くにごったから、EとFの区別ができたね。

ゆうか：これでA〜Gがわかりました。

先　生：それでは片付けをしましょう。実験で使った酸性とアルカリ性の液体は、BTB液の入った大きなビーカーに集めます。

けんた：どうしてBTB液が入っているのですか。

先　生：BTB液が入った液体の色を緑色にすることで、中性になったことがわかるからですよ。そうすることで液体を処理することができます。

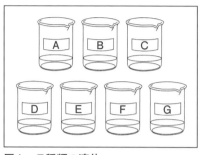

図1　7種類の液体

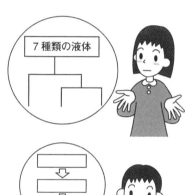

2

性質

問題1　下線部の（AとCだけは、はっきり区別できますね。）について、Aを区別する正しい方法を書きなさい。また、区別できた理由を書きなさい。

問題2　会話文中の①〜③にあてはまる適切な言葉の組み合わせを、下のア〜カの中から一つ選び、記号を書きなさい。また、7種類の液体はA〜Gのどれか。記号を書きなさい。

	①	②	③
ア	かくはん棒をふく	お湯で温める	アルミニウムを入れる
イ	かくはん棒をふく	熱して蒸発させる	鉄を入れる
ウ	かくはん棒をふく	お湯で温める	二酸化炭素を通す
エ	かくはん棒を水で洗う	熱して蒸発させる	二酸化炭素を通す
オ	かくはん棒を水で洗う	お湯で温める	アルミニウムを入れる
カ	かくはん棒を水で洗う	熱して蒸発させる	鉄を入れる

問題3　けんたさんは片付けのとき、酸性の液体を入れたり、アルカリ性の液体を入れたりすると、ビーカー中のBTB液が入った液体の色が変化することに気づいた。色が変化する理由を「酸性とアルカリ性の液体が混ざり合うと、」に続く形で書きなさい。また、先生が液体を緑色にして処理する理由を書きなさい。

//

No.2 2021年度川口市立高等学校附属中学校

1 科学クラブの活動で、みどりさんとしんごさんは、ミョウバンを使って【図1】のようなかざりをつくろうとしています。これについて、あとの問いに答えましょう。

【図1】

| しんご：まずはミョウバンの水よう液をつくる必要があるね。 |
| みどり：その前に、ミョウバンが水にとける量を調べておかないと、ミョウバンをどのくらい用意しておけばよいかわからないよ。 |
| しんご：そうだね。図書室に行って調べてみよう。 |

みどりさんとしんごさんは、図書室で、次の【資料1】、【資料2】を見つけました。

【資料1】　40℃の水の体積と、その水にとけるミョウバンの量の関係

水の体積〔mL〕	0	50	100	150	200
とけるミョウバンの量〔g〕	0	11.9	23.8	35.7	47.6

【資料2】　100mLの水の温度と、その水にとけるミョウバンの量の関係

水の温度〔℃〕	0	20	40	60	80
とけるミョウバンの量〔g〕	5.7	11.4	23.8	57.4	321.6

問1　【資料1】、【資料2】をもとにして、次の【表】の空らんにあてはまる数を書きましょう。また、【表】に書いた数を使って、グラフを完成させましょう。ただし、方眼の縦じくと横じくの（　　）に適切な数を入れ、グラフの点ははっきりと示しましょう。

【表】　20℃の水の体積と、その水にとけるミョウバンの量の関係

水の体積〔mL〕	0	50	100	150	200
とけるミョウバンの量〔g〕					

ミョウバンが水にとける量を調べたみどりさんとしんごさんは、次の【手順】でかざりをつくる実験を行いました。

【手順】

①モールを折り曲げてかざりにする形をつくり、つり下げられるように糸で結ぶ。

②ビーカーの中に、モールを入れたときに完全につかるくらいの水を注ぎ、実験用ガスコンロで熱する。

③水の温度が60℃になったら、かくはん棒でよくかき混ぜながらビーカーにミョウバンを加え、とけるだけとかしてこい水よう液をつくる。

④モールに結んだ糸を割りばしに結び付け、【図2】のようにビーカーのふちに割りばしをのせて、こいミョウバン水よう液の中にモールを入れる。

⑤このビーカーの口にラップシートをかけ、発泡スチロールの箱の中に入れ、ふたをする。

【図2】

割りばし

モール

こいミョウバン水よう液

問2　しんごさんは、ミョウバン以外の物質でも【図1】のようなかざりをつくることができないかと考え、硝酸カリウムという物質と食塩について、100mLの

水の温度と、その水にとけるそれぞれの量の関係を調べて、【図3】の棒グラフにまとめました。

【手順】と同じ操作を行ったとき、【図1】のようなかざりをつくることができると考えられるのは硝酸カリウム、食塩のどちらですか。また、そのように考えた理由も答えましょう。

【図3】

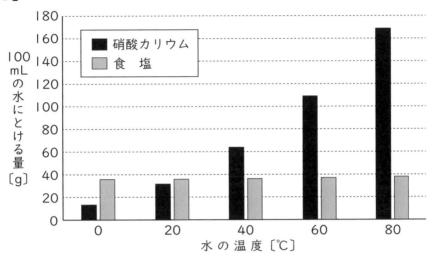

かざりを作る実験を終えた後、みどりさんとしんごさんは、水よう液のこさについて、次のような会話をしました。

しんご：【手順】の中に「こい水よう液」と書いてあったけれど、水よう液がこいか、うすいかはどのように決まっているのかな。

みどり：何か基準のようなものがあるかもしれないね。

しんご：先生に質問してみよう。

しんご：先生、水よう液のこさを決める基準のようなものはあるのですか。

先　生：ありますよ。水よう液のこさは、算数の授業で学習した割合で表すことができます。くわしく説明すると、水よう液のこさは、水にとけているものの重さが、水よう液全体の重さのどれだけにあたるかを百分率で表します。

みどり：それでは、水よう液の重さがもとにする量、水にとけているものの重さが比べられる量にあたるのでしょうか。

先　生：その通りです。

問3　100mLの水に25gの食塩をとかしてできた食塩水があります。この食塩水のこさを百分率で表しましょう。ただし、1mLの水の重さを1gとします。

問4　コハク酸という物質を80℃の水にとかし、こさが40%の水よう液を100gつくりました。この水よう液を20℃まで冷ましたとき、ビーカーの底にたまるコハク酸のつぶの重さは何gですか。【資料3】と【資料4】をもとにして、小数第2位を四捨五入し、小数第1位まで求めましょう。また、求める過程を言葉や数字、式などを使って書きましょう。ただし、1mLの水の重さは、水の温度に関わりなく1gとします。

【資料3】　40℃の水の体積と、その水にとけるコハク酸の重さの関係

水の体積〔mL〕	0	50	100	150	200
とけるコハク酸の重さ〔g〕	0	8.1	16.2	24.3	32.4

【資料4】　100mLの水の温度と、その水にとけるコハク酸の重さの関係

水の温度〔℃〕	0	20	40	60	80
とけるコハク酸の重さ〔g〕	2.8	6.9	16.2	35.8	70.8

過去問チャレンジ解説

No. 1

解答

問題1　方法：手であおいでにおいをかぐ。

理由：つんとしたにおいがあるから。

問題2　記号：エ

うすい塩酸	炭酸水	石灰水	食塩水	アンモニア水	水酸化ナトリウム水よう液	水
B	C	E	D	A	F	G

問題3　色が変化する理由：

（酸性とアルカリ性の液体が混ざり合うと、）たがいの性質を打ち消し合うから。

液体を緑色にして処理する理由：

（中性にすることで、）かん境に悪いえいきょうが出ないようにするため。

解説

問題1　まず、解き始める前にわかる水よう液がないか、確認してみよう。

性質で分けると、次のようになるよね。

- 酸性…うすい塩酸、炭酸水
- 中性…食塩水、水
- アルカリ性…石灰水、アンモニア水、水酸化ナトリウム水よう液

リトマス紙で調べると、（AEF、BC、DG）に分けられたと言っているから、3つあるAEFがアルカリ性だとわかるよ。

問題1は、Aが器具を使わず見分けられるのはなぜか聞いているね。Aはアルカリ性だから、石灰水、アンモニア水、水酸化ナトリウム水よう液のどれかになる。この中で見分けられるとしたら、アンモニア水だ。鼻をつんとつくしげきしゅうがあるからだよ。直接、鼻を近づけてくんくんににおいをかぐのはダメ。正体がまだわからない水よう液には、不用意に顔を近づけてはいけない。手であおいで、においを確認するのが鉄則だよ。

問題2　AEFが石灰水、アンモニア水、水酸化ナトリウム水よう液だとわかったから、残るのはうすい塩酸、炭酸水、食塩水、水だね。この中で固体がとけているのは食塩水だけだよ。だから、「白い固体が出た」というDは食塩水に決まるよ。食塩水は中性なので、同じグループのGも中性ということになり、水で決まり！　これで、中性グループのD、Gは決定したね。【D

＝食塩水　G＝水】

次は酸性のB、Cだね。候補はうすい塩酸と炭酸水だよ。最初、Cは何も器具を使わず「はっきり区別」できると言っていることから、あわが見える炭酸水がCだとわかる。残ったBがうすい塩酸だ。【B＝うすい塩酸　C＝炭酸水】

最後に、アルカリ性のA、E、Fを調べよう。最初に、においで「はっきり区別」したアンモニア水だけ、Aだとわかっているよ。残ったE、Fは、石灰水、水酸化ナトリウム水よう液だね。石灰水は二酸化炭素を通すと白くにごる、水酸化ナトリウム水よう液はアルミニウムをとかす、という特徴があるよ。けんたさんが「Eだけ白くにごった」と言っているから、Eが石灰水、Fは水酸化ナトリウム水よう液だとわかるね。【A＝アンモニア水　E＝石灰水　F＝水酸化ナトリウム水よう液】

これで、7つの水よう液の中身は決まったので、次は空欄①～③を決めよう。まず空欄①は、かくはん棒のあつかい方だね。かくはん棒をふいたら手につく危険性もあるし、成分がかくはん棒についたままになって、他の水よう液に混ざる可能性があるので、水で洗い流すようにしよう。

また、空欄②は、食塩水から白い固体（食塩）を取り出す方法なので、「熱して蒸発させる」が正解。空欄③は、石灰水が白くにごることを確認したから、「二酸化炭素を通す」が正解。

まとめると、①かくはん棒を水で洗う、②熱して蒸発させる、③二酸化炭素を通す、だよ。これを満たす選択肢は、エだね！

問題3　ＢＴＢ溶液は、性質によって色が変わる。会話文にあるように、中性だと緑色になる。緑色（中性）を境に、黄色（酸性）になったり、青色（アルカリ性）になったりする。これは、酸性とアルカリ性がそれぞれビーカーの中でバラバラに存在するのではなく（だとしたら、まだら模様になるよね）、酸性とアルカリ性がそれぞれの性質を打ち消し合うからなんだ。

また、酸性やアルカリ性の水よう液はそのまま水道の排水溝に流してしまうと、環境に悪影響をおよぼしてしまう。必ず先生の指示に従って、正しい方法で処理するようにしよう。

No.2

解答

問1　【表】20℃の水の体積と、その水にとけるミョウバンの量の関係

水の体積〔mL〕	0	50	100	150	200
とけるミョウバンの量〔g〕	0	5.7	11.4	17.1	22.8

2

性質

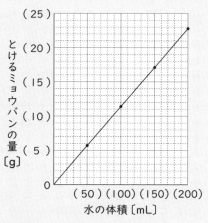

（縦軸）とけるミョウバンの量〔g〕：（5）（10）（15）（20）（25）
（横軸）（50）（100）（150）（200）
水の体積〔mL〕

問2　硝酸カリウム

　　理由：[例] 硝酸カリウムは、水の温度が高いときと低いときのとける量の差
　　　　　　　が食塩より大きいから。

問3　20%

問4　過程：[例] 水よう液にとけているコハク酸の量は、

　　　　　　100×0.4=40（g）

　　　　これより、水の重さは、100−40=60（g）なので、水の体積は
　　　　60mLである。

　　　　20℃、60mLの水にとけるコハク酸の量を□gとすると、100：60
　　　　=6.9：□

　　　　□=4.14（g）

　　　　したがって、ビーカーの底にたまるコハク酸の量は、

　　　　　40−4.14=35.86

　　　　より、35.9gである。

　　答え：35.9g

解説

問1　まず、資料1を見てみよう！

【資料1】　40℃の水の体積と、その水にとけるミョウバンの量の関係

水の体積〔mL〕	0	50	100	150	200
とけるミョウバンの量〔g〕	0	11.9	23.8	35.7	47.6

水の体積が2倍、3倍、4倍…になると、とけるミョウバンの量も2倍、3
倍、4倍…になっているね。
次に、資料2を見てみよう。

【資料2】　100mLの水の温度と、その水にとけるミョウバンの量の関係

水の温度〔℃〕	0	20	40	60	80
とけるミョウバンの量〔g〕	5.7	11.4	23.8	57.4	321.6

20℃の水は、左から2番目だね。100mLの水に11.4gとける、とあるよ。まず、これを【表】に書き込もう。

【表】 20℃の水の体積と、その水にとけるミョウバンの量の関係

水の体積〔mL〕	0	50	100	150	200
とけるミョウバンの量〔g〕			11.4		

あとは、50mLなら半分に、200mLなら倍にすればいいね！

50mLのとき➡11.4÷2＝5.7g

200mLのとき➡11.4×2＝22.8g

「150mLのときは1.5倍だけど、11.4×1.5は小数点同士でややこしそう～」と感じる人は、50mLにとける量を3倍にしよう。5.7×3だから、小数点も1つだけだし、少しはラクだね。答えはもちろん同じになるよ。

0mLのときは、当然、とける水がないということなので0g。資料1と同じだよ。

あとは、これをグラフにしていこう。

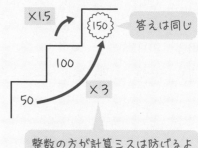

とけるミョウバンの量は200mLのときの22.8gが最高なので、たて軸は25gまでで足りるね。横軸は、そのまま50、100、150、200を書き込もう。

グラフを作る問題は計算も必要なので時間がかかるけど、計算ミスさえなければ確実に得点できる。計算力を上げて素早く点を取れるように練習しようね。

問2　結晶作りを試してみたことはあるかな？　温度差や、蒸発によって発生したとけ残りがつぶとなって表れるんだ。問題の画像のようにモールに結晶を付着させる実験は、半日ほどあればできるよ。最後にニスをぬると、とってもきれいな作品になるんだ（放置し過ぎると結晶がつき過ぎてお団子みたいに…）。

コツは、温度差を利用することと、温度によってとける量に差があるものを使うことだよ。たとえば、60℃で100gとけるけど、20℃なら10gしかとけない物質があったとする。最初に60℃で100gしっかりとかしておくと、20℃（部屋の温度はだいたいこのくらいだよ）になったときに、とけきれなくなった90gが結晶となってモビールにつくんだ。

つまり…温度が変わってもとける量があまり変わらないような食塩は、温度差を利用した結晶作りには向かないんだ。図3の硝酸カリウムのように、温度によってとける量が大きく変化するものは向いているよ。

問3 難しい話をしているけど、会話文に出てきた情報を整理して解こう！ もしかしたら「濃度」やその計算方法をすでに知っている人もいるかもしれないけど、ここでは会話文の情報をヒントにしながら解いていくよ（濃度は中学校でくわしく習うよ）。

「水よう液のこさは、水にとけているものの重さが、水よう液全体の重さのどれだけにあたるかを百分率で表します」と先生がコメントしているね。

問3では、とかすのは25gの食塩だから、この25gが全体のどれだけにあたるのかを計算すればいい。ということで、まず全体を出そう。1mLの水は1gと書かれているから、100mLの水は100gだね。

つまり、全体は125g。あとは、百分率の計算だよ。百分率（%）は、比べられる量÷もとにする量×100で出す。

25÷125×100＝20（%）

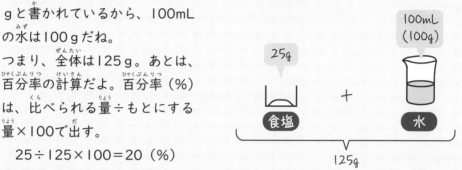

問4 水よう液は100g、こさが40%だから、とけているコハク酸は40g、残り60%、つまり60gが水だね。水は1g＝1mLだから60gは60mLだよ。

資料4を見ると、100mL・20℃の水には6.9gとけるそうだね。今、水は100mLではなく60mLしかないから、とける量は、6.9×0.6＝4.14gだけだよ。

でも、コハク酸は80℃のときに40gとかしているから、40－4.14＝35.86gのとけ残りが出るね。小数第2位を四捨五入するよう言われているから、35.86→35.9が正解だよ！ 四捨五入するという条件を見逃さないようにしようね。

燃やす

　ものが燃えることを「燃焼」と言うよ。ところで、どうすればよく燃えるか、長く燃えるか、知っているかな？　ものが燃えるにも、条件があるんだよ。火は今の現代的な生活で直接目にすることはあまりないかもしれないけど、電気を作ったり、鉄などの金属をとかし製品にしたり、ゴミを燃やしたり、生活を支えている大事なエネルギーなんだ。

✦✦ ポイント ✦✦

- 燃焼…ものが熱や光を出しながら燃えること。

- 燃焼の条件…空気があること、燃えるものがあること、燃えるのに必要な温度があることの3つだよ。だから、火を消したいときは、空気の循環を止める、燃えるものを取り除く、燃えるのに必要な温度以下にするといい。燃えるのに必要な温度は「発火点」と言い、ものによって異なるんだ。

- 燃焼と空気…ロウソクをすき間がない容器の中で燃やすと、少ししたら火は消えてしまうよ。燃焼し続けるために、新しい空気が常に入れ替わらないといけないんだ。酸素はものを燃やす働きがあるから燃焼には欠かせないけど、燃焼に使われて減っていき、二酸化炭素ができて酸素の割合が少なくなってしまうと、火は消える。燃焼によって温められた空気は軽くなって上に上がるので、ロウソクの火のまわりに上にのぼる空気の流れができるよ。だから、温められた空気を逃がすために容器の上側を空け、新鮮な空気が入るようにしておくと、長く燃え続けることができるんだ。

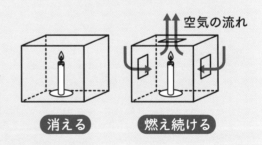

空気の流れ

消える　　燃え続ける

- 燃焼と空気の変化…もともと空気には酸素が約21％、二酸化炭素が約0.04％、一番多いちっ素が約78％ふくまれている。ロウソクが燃えると、酸素の割合は17％ほどに減り、二酸化炭素の割合は3％くらいに増えるけど、ちっ素は変わらない。なお、紙やロウソクは燃やすと二酸化炭素が出るけど、金属は燃やしても二酸化炭素は出ないよ。酸素が使われる点は共通しているけどね。

燃焼でも、「理科」分野おなじみの対照実験が登場するよ。それは、「燃焼後に二酸化炭素が発生したかどうか」を石灰水を使って調べる実験。燃焼前と燃焼後、どちらの空気も同じように調べて見比べることで、確かめることができるよ。燃焼後のものだけ調べても、燃焼が原因かどうかわからないから燃焼前のものも調べる必要があるんだ。

例題

No.1

次の図の中で、最初にろうそくの火が消えるものはどれでしょうか。記号で答えましょう。ろうそくの長さや太さはすべて同じとします。

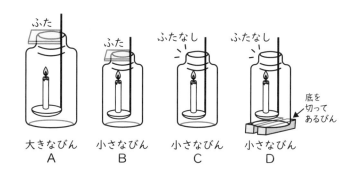

大きなびん A　小さなびん B　小さなびん C　小さなびん D

No.2

はるき君は、ろうそくはどの部分が燃えているのか疑問に持ちました。先生に相談したら、「ピンセットでろうそくの芯をつまんでみると、仕組みがわかるよ」というヒントをもらいました。そこで、ろうそくに火をつけ、気をつけながらピンセットで芯をつまむと、火は消えました。このことから、はるき君は次のようにまとめました。

【ろうそくはどこが燃えているのか】

ろうそくは、火の熱によってロウがとけ、それが液体になって芯に染み込んで、オイルのように燃えているのではないか？

この結果を先生に伝えると、「おしい！　ろうそくを吹き消すと、白いけむりが出るでしょう。あれは、蒸発したロウなんだよ。それから、ものが燃えるというのは、酸素と結びつくことなんだ」と教わりました。これをヒントに、はるき君はもう一度まとめを作りました。次の【　　】に入る説明を書きましょう。

【ろうそくはどこが燃えているのか】

ろうそくは、火の熱によってロウがとけ、それが液体になって芯に染み込み上に進むにつれて、【　　　　　　　　　　　　　　　　　　　　　】、燃えている。

例題解説

No. 1

解答　B

解説

新しい空気がほとんど入れ替わらないAとBは、燃えるのに必要な酸素の割合よりも酸素が減ってしまうと、消えてしまう。AとBでは、もともとびんが小さいBの方が先に消える。C、Dは新しい空気が入るので、燃え続けるよ。

No. 2

解答

（ろうそくは、火の熱によってロウがとけ、それが液体になって芯に染み込み上に進むにつれて、）火の熱で蒸発し、その気体が酸素と結びつき（、燃えている）

解説

ピンセットでつまむと消えたのは、とけたロウの液体が上にのぼれず燃えるものがなくなったからだとわかる。でも、液体が燃えているわけではないようだね。液体が芯に染み込んで上にあがり、そして熱によって気体に変わり、それが酸素と結びついて燃えている。先生の言葉がヒントになっていたんだよ。

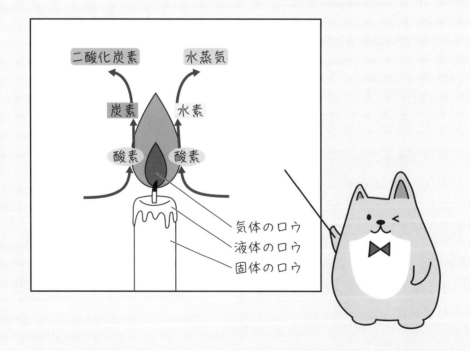

過去問チャレンジ！

2　桜子さんは、自然実習センターの実験教室で、次の 実験の方法 で実験をしました。

実験の方法

- 長さと太さが同じろうそくを2本用意し、台に乗せたろうそくをA、台に乗せないろうそくをBとし、同時に火をつける。
- 切ったペットボトルをさかさまにかぶせる実験を 実験1 とする。
- 切ったペットボトルの2か所に穴をあけ、さかさまにかぶせる実験を 実験2 とする。
- 実験1 、 実験2 どちらも、かぶせたペットボトルと机の間にわりばしをはさみ、すきまをあける。

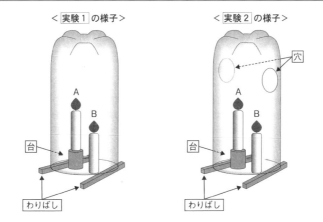

桜子さんは、実験した 実験1 と 実験2 について、次の メモ のようにまとめました。正しいまとめとなるように、（ ① ）、（ ② ）にはあてはまる気体の名前を漢字で、　③　にはあてはまる言葉を書きましょう。

メモ

　 実験1 では、Aのろうそくの火が先に消え、その後、まもなくBのろうそくの火が消えた。このようになった理由は、ろうそくが燃えたことでできる温かい（ ① ）が、さかさまにしたペットボトル内の上にたまっていき、ろうそくが燃えるときに必要な（ ② ）が上から減っていくからである。
　 実験2 では、 実験1 と異なり、A、Bどちらのろうそくも燃え続けた。
　 実験1 と比べて、 実験2 において、A、Bどちらのろうそくも燃え続けた理由は、ペットボトルに穴をあけたことによって、ペットボトルの中に、
　　　　③　　　　からである。

3 ゆうきさんとひかるさんは、バーベキューをしました。2人の会話を読んで、あと
の問いに答えましょう。

ゆうきさん 「まきに火をつけるのが、なかなかうまくいかなかったね。」

ひかるさん 「①まきの置き方が悪かったのかな。いろいろ工夫してみよう。」

ゆうきさん 「片付けのときに、まきの火を消すには、水をかければいいのかな。」

ひかるさん 「それはあぶないよ。火消しつぼに火のついたまきを入れてふたを
すると、安全に火を消すことができるよ。」

ゆうきさん 「どうして火消しつぼに入れると、まきの火を消すことができるの
かな。」

ひかるさん 「学校にもどったら、実験をして確かめてみよう。」

火消しつぼ

問1 下線部①とありますが、2人は下の図のようにまきを置いたところ、うまく火
をつけることができませんでした。火がつきやすくなるようなまきの置き方を
説明しましょう。また、その理由もあわせて書きましょう。

図

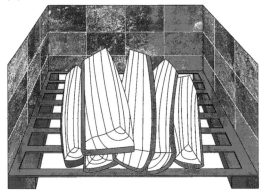

2

性質

ゆうきさんとひかるさんは、学校にもどってきて、火消しつぼの中で起こったことについて調べる実験を行いました。

【実験1】

（課題）火消しつぼの中でまきの火が消えるのは、どうしてだろうか。

（予想）火消しつぼの中の酸素がなくなって、二酸化炭素ができたからだと思う。

（計画）（1）空気とほぼ同じ割合のちっ素と酸素を集気びんの中に入れる。

　　　　（2）火のついたろうそくを集気びんに入れ、ふたをして、火が消えるまで待つ。

　　　　（3）火が消えたら、気体検知管を使って、集気びんの中の酸素と二酸化炭素の割合を調べる。

（結果）

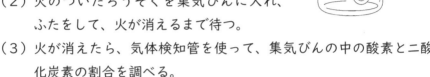

火をつける前　　ちっ素　約79％　　　酸素　約21％

火が消えた後　　ちっ素　約79％　　　酸素　約17％

二酸化炭素　約4％

（考察）〈ゆうきさん〉

　　酸素がなくなるから、火が消えると考えたけど、まだ約17％あるから、予想が正しかったとはいえない。ちっ素の割合は、火をつける前と火が消えた後で変わっていないので、火が消えることとは関係ないと考えられる。

〈ひかるさん〉

　　二酸化炭素には火を消す性質があって、二酸化炭素ができたから火が消えたと考えられる。

| ゆうきさん | 「実験では確かに酸素は減ったけど、まだ約17%あったね。あと、ちっ素の割合は変わってないから、火が消えることには関係なさそうだね。」 |

ゆうきさん　「実験では確かに酸素は減ったけど、まだ約17%あったね。あと、ちっ素の割合は変わってないから、火が消えることには関係なさそうだね。」

ひかるさん　「ほとんどなかった二酸化炭素が約4%できたね。火が消えた原因は二酸化炭素ができたことだと思うよ。」

ゆうきさん　「でも、酸素も減っているから、それが原因からもしれないよ。」

ひかるさん　「じゃあ、酸素が減ったことと二酸化炭素ができたことの両方が起こったから、火が消えたんじゃないかな。」

ゆうきさん　「そうかもしれないね。だけど、火が消えた原因は酸素と二酸化炭素のどちらかだけかもしれないよ。」

ひかるさん　「この実験だけだと、まだわからないから、実験を続けてみよう。」

【実験2】

（課題）火が消えることに、酸素と二酸化炭素はどのように関係しているのだろうか。

（予想）二酸化炭素ができたから火が消えたのだと思う。

（計画）（1）同じ形の集気びん4本に、下のグラフのような割合で気体を入れる。

（2）それぞれに火のついたろうそくを入れて、ふたをして、その様子を観察する。

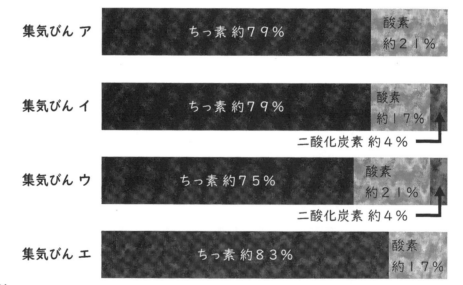

（結果）

集気びん　ア	しばらく燃え続けた後に消えた
集気びん　イ	すぐに消えた
集気びん　ウ	しばらく燃え続けた後に消えた
集気びん　エ	すぐに消えた

ゆうきさん	「この実験の結果から、どのようなことがいえるかな。」
ひかるさん	「4つの集気びんの結果を2つずつ比べれば、わかりやすいよね。」
ゆうきさん	「そうだね。例えば、『②〈集気びん ア〉と〈集気びん ウ〉を比べると、酸素は両方とも約21%あって、二酸化炭素は〈集気びん ア〉はなく、〈集気びん ウ〉だけ約4%あるけど、両方とも燃え続けたから、火が消えることと二酸化炭素ができることは関係ないと考えられる。』といえるね。」
ひかるさん	「そうか。2つずつ比べていけば、他のことも説明できそうだね。」
ゆうきさん	「『〈集気びん ア〉と〈集気びん エ〉を比べると、 ⎿_____③_____⏌ と考えられる。』ともいえるね。」
ひかるさん	「つまり、『④火が消えることには酸素の割合が関係していて、二酸化炭素があるかどうかは関係ない。』とまとめられそうだね。」

問2　実験2のまとめが下線部④となるように、⎿_____③_____⏌
　　　にあてはまる文を書きましょう。書くときには下線部②の書き方を参考にしましょう。

過去問チャレンジ解説

No.1

解答

①二酸化炭素

②酸素

③［例］新しい空気が入ってきた

解説

燃焼によって空気は上へ上がっていくので、発生した二酸化炭素は上にたまる。だから、背が高いAから消えるんだよ。

「二酸化炭素は空気より重い性質があるから、下側に二酸化炭素がたまって背の低いロウソクから消える」…と勘違いしやすいので、気をつけてね。確かに二酸化炭素は空気より重いけど、ロウソクが燃えているときは上向きの空気の流れがあるので上にたまるよ。その結果、燃焼に必要な酸素の割合を満たさなくなって、消えるんだ。

②は、「空気」は不正解だよ。空気というのは、酸素や二酸化炭素、ちっ素など、さまざまな気体が混ざったもののことを言うんだ。②は、「燃えるときに必要な」と直前に書かれていることと、気体の名前を書くよう指示されていることから、「酸素」と答えないといけないよ。

③は、実験2では上の方に穴が空いているので、二酸化炭素がたまらずに外に出て行って、下から新しい空気が入り続けるから、燃え続けたんだね！

No.2

解答

問1　まきがより多くの空気（酸素）とふれることができるように、まきとまきの間にすき間ができるように置けばよい。

問2　（〈集気びん ア〉と〈集気びん エ〉を比べると、）二酸化炭素は両方ともなく、酸素は〈集気びん ア〉約21%あって、〈集気びん エ〉は約17%ある。〈集気びん ア〉は燃え続けるけど、〈集気びん エ〉はすぐに消えるから、酸素がある割合より小さくなると火が消える（と考えられる。）

解説

問1　まきは、山の形になるように立てかけて組むか、キャンプファイヤーのよう

にたて向き・横向きを組み合わせるといいよ。空気が必要であること、すき間を作ること、が書かれていたら正解だよ。

問2 実験1から、ちっ素は関係していないことはわかっているので、酸素と二酸化炭素に注目しよう。集気びんア、エは2つとも二酸化炭素が入っていないので、今回は二酸化炭素は関係なさそうだね。アは酸素21%でしばらく燃え続け、エは酸素17%ですぐ消えた。ということは、酸素の割合が17～21%のどこかを下回ると、ろうそくは燃焼することができないと考えられるね。

また、空欄③のすぐあとに、「酸素の割合が関係していて」とまとめてくれているので、「酸素の割合」という言葉は必ず使った方がよさそうだよ。空欄穴埋め問題は、直前直後にこうしたヒントがかくれているので、しっかり読もう！

ある日のキャンプ

まだですか…？

もっと空気の通り道を意識した
美しい組み方はないだろうか…

松ぼっくり（油をふくんで
いるから着火剤になるよ）

実験の安全ルール

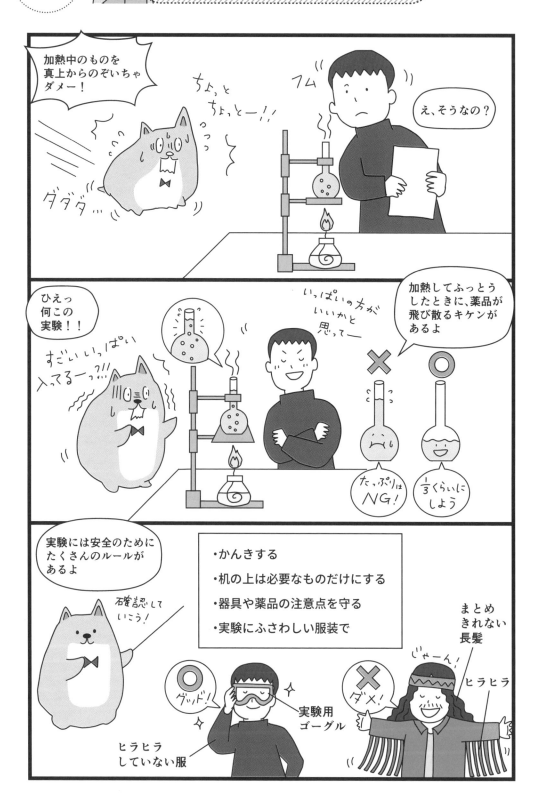

第3章
いのち
命

植物

「植物」は、いくつか覚えないといけないことがある。光合成など、すでに知っていることもあると思うけど、自分の言葉でちゃんと説明できるかどうか確認しよう！　わかったつもりになっているだけだと、記述問題では苦戦するので気をつけよう。

✨ ポイント ✨

- 受粉…植物のめしべの先に花粉がつくこと。受粉すると種子ができるよ。虫や鳥、風の力を借りて受粉するものもある。虫につきやすいよう花粉がネバネバしていたり、風に乗って飛びやすいよう空気のふくろのようなものがついていたりするよ。

うわっ、ベタベタする！

ユリの花粉…ネバネバしている。量も多く、手や服につくとよごれるので、花屋さんのユリは花粉が取られているよ

空気のふくろ

マツの花粉

ヘーックション！

- 種子…植物の種のこと。受粉した後、めしべのもとが育って実になり、その中に種子があるよ。次の世代が芽を出すための栄養をたくわえている場所。なるべく広い範囲で生息地を増やせるよう、風で飛びやすい羽がついていたり、鳥に食べて運んでもらうために鮮やかな色だったりする。夏によく食べるトウモロコシは、種子の部分を食べているんだよ。

カエデの種子

羽のようなところがあり、クルクル回転しながら風に乗って、遠くに運ばれるよ

タンポポの種子

ふわふわの綿毛を広げ、風に乗って遠くに運ばれるよ

- 発芽…種子から芽が出ること。

✓発芽の条件➡①水　②空気　③適当な温度

　この３つがそろわないと発芽しない。土の中からちゃんと芽を出すことからもわかるように、日光は必要ないよ。また、ヒヤシンスなど水栽培（水耕栽培）で発芽することからもわかるように、土や肥料も必要ないんだ。なぜなら種子の中に、発芽に必要な栄養分（でんぷん）がたくわえられているからだよ。③の適当な温度とは、その植物の種子にとって「ちょうどいい温度」ということ。種子によって、適した温度はバラバラなんだ。

✓発芽にでんぷんが使われたことを確かめる方法

　発芽する前の種子と、発芽した後の種子を準備し、それぞれを半分に切ってヨウ素液にひたす。ヨウ素液はでんぷんに反応して青むらさき色に変化するという特徴があるので、発芽前の種子は青むらさき色に変わるよ。つまり、でんぷんがあるということだね。でも、発芽後の種子はほとんど色が変化しない。だから、発芽にでんぷんが使われたことがわかるんだ。

✓成長の条件➡①水　②空気　③適当な温度　④日光 NEW!　⑤肥料 NEW!

　発芽した後、植物が大きく育つためにはさまざまな条件があるよ。発芽の条件とは少し変わるので、気をつけよう。

- 光合成…光のエネルギーを利用して、根から吸い上げた水と、空気中から取り込んだ二酸化炭素から養分（主にでんぷん）と酸素を作ること。だから、光が当たらないと養分を作れず、だんだん弱ってかれてしまうよ。効率よく日光を受けるために、葉の構造は葉っぱ同士が重なって影にならないようになっているんだ。作られた養分は成長のためだけではなく、実や根、くき、種子にたくわえられる。たとえば、ジャガイモはくきに養分をたくわえ、サツマイモは根に養分をたくわえるよ。

- 植物の呼吸…主に葉の裏には「気孔」と呼ばれる小さな穴がたくさんあって、開いたり閉じたりして呼吸をしているよ。日光が当たる時間は光合成と呼吸、日光が当たらない夜間は呼吸を行っているんだ。呼吸では二酸化炭素を出すけど、光合成によって吸収する二酸化炭素の方が多いよ。

- 植物の蒸散…植物は気孔を通して呼吸をするだけでなく、体内の水分を気孔から出す「蒸散」も行っているよ。気孔から出た水分は水蒸気になるときに周囲の熱をうばう性質がある。ヘチマなどでグリーンカーテンを設置する場合、朝早くに水やりをして根から水をぐんぐん吸わせて、昼間に蒸散が活発に起こるようにするとより効果的だよ。

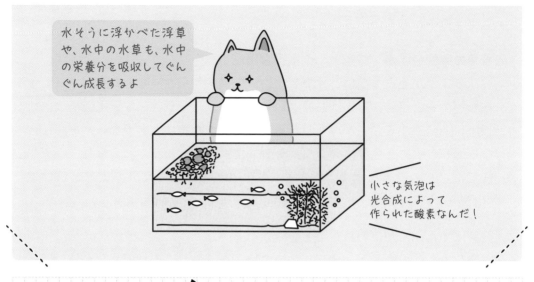

水そうに浮かべた浮草や、水中の水草も、水中の栄養分を吸収してぐんぐん成長するよ

小さな気泡は光合成によって作られた酸素なんだ！

👉 合格力アップのコツ

　適性検査で出題される植物関係の問題は、対照実験がほとんどだよ。光合成の仕組みや発芽の条件など覚えることも必要だし、実験内容を正しく読み取る力も必要。といっても、似たような問題が多いので、慣れれば必ず得意分野にできるよ！

 例題

No. 1

　かいと君は、植物のどこから水分が多く蒸発しているのか調べるために、くきが同じくらいの太さ、長さのホウセンカを3本用意し、次のような実験を行いました。

準備するもの：試験管、ワセリン（水を通さないもの）、水
手順：①3本の試験管に同じ量の水を入れる
　　　　②同じくらいの大きさの葉を1枚だけ残して、残りの葉はすべて切り取る
　　　　③1本目はくきと葉の表に、2本目はくきと葉の裏に、3本目は葉の表・裏にワセリンをぬる
　　　　④ホウセンカを1本ずつ試験管にさす
　　　　⑤日当たりの良いところにしばらく置く
　　　　⑥減った水の量をはかる

結果：水の量が一番減ったのは、1本目だった

この結果から言えることを説明しましょう。

受粉について調べるために、あかりさんはアサガオのつぼみを選んで次のような実験を行いました。

あかりさんは、花がしおれた後、Aは実がならず、Bは実がなると予想しました。しかし、結果は2つとも実がなりました。予想と異なる結果になったのはなぜでしょうか。また、正しく実験するにはどうしなければいけなかったでしょうか。

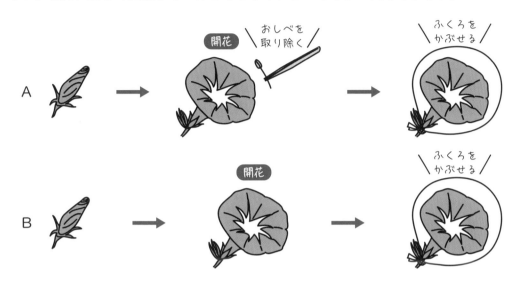

例題解説

No.1

解答

ホウセンカは吸い上げた水を葉の裏から最も多く蒸発させる。

解説

くきの断面から吸い上げた水も、出口がなければそれ以上は吸えなくなってしまう。つまり、1本目の試験管から一番水が減ったということは、その分、水蒸気としてはき出す出口がたくさんあるということだよ。
1本目のホウセンカはくきと葉の表にワセリンがぬってあるから、蒸発（蒸散）が最も多く起こるのは葉の裏だね。

No.2

解答

予想と異なる結果になった理由：
開花してからおしべを取り除くまでに時間があり、受粉が終わっていたから
どうしなければいけなかったか：
開花する前におしべを取り除き、袋をかぶせておく

別解例

予想と異なる結果になった理由：
開花した時点で受粉していたから

解説

実ができた、ということは受粉したということ。おしべを取り除いたのに受粉したということは、取り除く前には受粉が終わっていたということになるよ。開花してから作業をするまでに時間が経っていたか、開花した時点ですでに受粉をしていたことが理由として考えられる。
実際、アサガオは開花直前につぼみの中で花粉がめしべにつくことがわかっている。だから、開花してからおしべを取っても遅いんだ。開花前につぼみの外側から切り込みを入れて、おしべを取っておく必要があるよ。
なお、袋をかぶせたのは、風や虫によって他の花から花粉が運ばれるのを防ぐためだよ。おしべを取った意味がなくなってしまうからね。

3

命

No. I 2022年度高知県共通問題

問5　あやこさんは、ダムの周辺の木々の中に、右の写真のような、羽根のある特ちょう的な形の種子をつけた植物を見つけました。この種子に興味をもったあやこさんは、植物の種子が発芽するための条件を調べることにしました。そこで、友達のそう

たさん、まことさん、あかりさんの３人に、種子を発芽させるために必要だと思うことを聞いてみたところ、次の答えが返ってきました。

そうた：１年生の時、生活科でアサガオを育てたけれど、毎日、水をやっていたよ。やっぱり水が大事なんじゃないかな。

まこと：カイワレ大根を買うと、スポンジのようなものが入っていてそこから芽が出ているよ。スーパーでカイワレ大根は冷たいところに置かれているから、冷やした方が発芽するんじゃないかな。

あかり：私の家で野菜の種子を発芽させたときには、土を入れたプランターに植えたよ。だから、土は必要なんじゃないかな。

あやこさんは、友達の考えを参考にして、三つの条件を設定し、それらの条件を組み合わせて種子が発芽するかどうか、実験により調べることにしました。なるべく早く結果を知りたかったので、3日ほどで発芽する大根の種子を用いて**ア〜ク**の実験を行いました。右の表は、実験の条件と結果をまとめたものです。次の**問い**に答えなさい。

	条件I	条件2	条件3	結果
ア	水あり	約20℃	土あり	発芽した
イ	水あり	約20℃	土なし	発芽した
ウ	水あり	約5℃	土あり	発芽しなかった
エ	水あり	約5℃	土なし	発芽しなかった
オ	水なし	約20℃	土あり	発芽しなかった
カ	水なし	約20℃	土なし	発芽しなかった
キ	水なし	約5℃	土あり	発芽しなかった
ク	水なし	約5℃	土なし	発芽しなかった

問い　まことさんの答えの中の下線部に「冷やした方が発芽するんじゃないかな」とありますが、この考えが正しいかどうかを判断するためには、表中の**ア〜ク**のうち、どれとどれの実験結果を比べればよいですか。適切な組み合わせを**二つ**書きなさい。

（2）次は、ひろとさんたちがサツマイモを収かくするときの、山田さんとの会話の
一部です。

> 山　田：まずは、この黒色のビニールシートを取りましょう。
>
> ちはる：シートの下は、暗いね。
>
> ひろと：あれっ、シートの周りには草がたくさん生えてい
> るのに、シートの下には草があまりないね。生え
> ている草も周りの草と比べて小さいものばかりだね。
>
> ちはる：本当だね。㋐暗いことと何か関係があるのかな。
>
> 山　田：そうだね。㋔このシートには、サツマイモの成長
> を助けるはたらきがあるんだよ。
>
> ちはる：（さらにシートを取っていくと）㋕シートの内側
> には、水てきが付いている部分があるね。

黒色の
ビニールシート

水てき

サツマイモ畑

①〜②の問いに答えなさい。

①ちはるさんは、下線部㋐について調べるために〈実験1〉を行いました。実験結
果は、ちはるさんの予想とはちがうものとなりました。それはなぜですか。その理
由を、**日光**という言葉を使ってかきなさい。

〈実験1〉

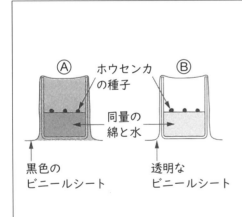

ホウセンカ
の種子

同量の
綿と水

黒色の
ビニールシート

透明な
ビニールシート

○**予想**　暗いところでは、ホウセンカはほと
んど発芽しない。

○**実験方法**
①2つの同じ透明な容器に、同量の綿と水
をそれぞれ入れ、その上にホウセンカの
種子をのせる。
②空気の出入りができるように、Ⓐは黒色
のビニールシートで、Ⓑは透明なビニー
ルシートでおおう。
③ⒶとⒷを、日の当たる同じ所に置く。

○**実験結果**　5日後、ⒶとⒷのどちらの種子
もすべて発芽した。

②ちはるさんは、〈実験1〉のⒶとⒷを、
その後も観察し続けました。すると、
発芽して15日後には〈観察カード〉の
ようになりました。このような結果の
ちがいから、植物の成長についてどの
ようなことがいえますか、かきなさい。

〈観察カード〉

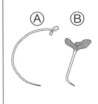

Ⓐのくきは細く、曲がっ
ている。葉は小さく、色
はうすい緑色。
Ⓑのくきは短いけれど、
太くてまっすぐのびている。
葉は大きく、色は緑色。

過去問チャレンジ解説

解答

アとウ、イとエ

解説

発芽の問題のようだけど、中身は対照実験の問題だよ。比べたいものだけを変えて、それ以外の条件をそろえないといけないんだったね！　今回は、「冷やした方が発芽するかどうか」を知りたいから、比べたい条件は「温度」になる。それ以外の、水や土の条件はそろえよう。といっても、発芽しなかったもの同士を比べても仕方ない。比べた2つとも発芽しなかったら、結局何が必要かわからないよね。だから、「発芽した」と書かれているア、イは確実に答えに必要だね。

アを使う場合、水あり・土ありだから、同じく水あり・土ありで、温度だけ低くした5℃のウと比べよう。次に、イを使う場合、水あり・土なしだから、同じ条件で温度だけ低いエを組み合わせよう。

解答

①ホウセンカの発芽には、日光は関係しないから。

②日光が当たらないと、植物はあまり成長しない。

解説

①ちはるさんは、下線部からも「暗い場所だと雑草が生えないの？」と考えていることがわかるよ。そこで実験1を行ったけど、暗いところでも明るいところでも発芽した。このことから、発芽には日光の有無は関係ないとわかる。

②実験1から2つとも発芽したけど、暗い方はひょろひょろの弱々しいくきや葉になったね。このことから、発芽は日光が無関係でも、そのあとは日光の力がないと元気に成長しないとわかるよ。スーパーのもやしは、あえて真っ暗な部屋で育てたものなんだ。ちゃんと日光に当てて育てれば、青々とした元気な葉っぱをたくさんつけて成長するよ。

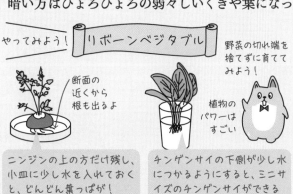

やってみよう！　リボーンベジタブル

断面の近くから根も出るよ

野菜の切れ端を捨てずに育ててみよう！

植物のパワーはすごい

ニンジンの上の方だけ残し、小皿に少し水を入れておくと、どんどん葉っぱが！

チンゲンサイの下側が少し水につかるようにすると、ミニサイズのチンゲンサイができる

② 食物連鎖

マイクロプラスチックなど、環境問題ともセットで出題されやすい食物連鎖。人間が豊かに暮らすために行ったことが、自然や生物に大きな影響をあたえ、そして食物連鎖の頂点にいる人間にはね返ってくるよ。しっかり学習して、生物多様性を守るために何ができるか考えるきっかけにしよう。

✦✧ ポイント ✧✦

- プランクトン…水の中で生息している小さな生物。植物プランクトンと動物プランクトンがいるよ。植物プランクトンは、非常に小さく目で見えないものがほとんどで、光合成を行って栄養を作り出すことができる。ただし、自分では動けない。動物プランクトンは動き回ることができるけど、自分で栄養を作り出せないので他の生物を食べる。ジンベイザメやシロナガスクジラは、毎日何トンものプランクトンを食べるよ。

- 食物連鎖…自然界における、「食べる」「食べられる」という関係のこと。植物のように成長に必要な栄養分を自分で作ることができるものを「生産者」、私たち人間をふくめ植物や動物を食べて栄養をもらうものを「消費者」と呼ぶよ。自ら栄養を作り出せる植物から食物連鎖がスタートし、植物を食べる草食動物、草食動物を食べる肉食動物、とつながっていくんだ。1種の生物が多数の生物を食べたり、肉食動物が他の肉食動物に食べられたり、関係はとても複雑にからみ合っているよ。

ある森の食物連鎖

少 ← → 多

ワシやタカ

鳥やネズミ

虫

植物

- 食物連鎖と数…食物連鎖は、大きなピラミッドで例えられることが多い。植物は小さくても数が多く、食物連鎖の頂点にいる生物は身体は大きくても数が少ないんだ。このピラミッド型の食物連鎖は、そのうちの一部の生物が異常発生して数を増やしても、時間をかけてまたピラミッド型に自然ともどると言われているよ。これを、「生態系のつり合い」と言うんだ。

- 外来種…主に人間の経済活動によって、海外からやってきた生物のこと。何かの駆除を目的に意図的に持ち込まれた生物もいれば、輸送時にまぎれ込んでしまった生物もいるよ。外来種は新しい環境では天敵がいないこともあり勢いよく増え、その地域の生態系のつり合いをこわしてしまうこともある。動物だけではないよ。たとえば、和菓子や薬などに昔から使われる秋の七草の「クズ」という植物は、150年ほど前の万博で日本からアメリカに運ばれ紹介されたけど、あまりの繁殖力の高さに今では「世界の侵略的外来種ワースト100」に選ばれているよ。

体型的にも
他人事とは
思えない…

ただ生きている
だけなのに…
毛皮目的で勝手に
ロシアに連れて行かれ
「外来種」となり、

今では
ヨーロッパで
「害獣」あつかい…
悲しい…

タヌキ

✍ 合格力アップのコツ

　人間は食物連鎖の頂点にあたる存在なので、無計画に生態系を破壊したり環境にダメージをあたえたりすると、すべて人間に返ってくるんだ。外来種も勝手に海を超えてやって来たのではなく、ほとんどが人間の活動によるものだよ。最近は、観賞用にメダカの新種などを作り出したものの、飼いきれずに池に放流して在来種をおびやかすという問題も起きているよ。生態系や命に対して責任を持って向き合えるかどうか、自然に対して関心を持っているかどうかが試されるので、日ごろからニュースやインターネットなどで情報をアップデートしておこう。

例題

No. 1

　外来種による被害を食い止めるために、世界中の国が守るべき３つのルールを考えることになりました。あなたなら、どのような意見を出しますか。「～～ない」という形で３つ、答えましょう。

No. 2

　「ニッポニア・ニッポン」という学名を持つトキは、ペリカンの仲間の鳥です。かつての日本では普通に見られ、水辺や田畑のドジョウ、カエル、ミミズ、イナゴやトンボなどの昆虫、タニシなどの生物をえさとしていました。しかし、人間がトキの肉や羽を使うために長期間にわたって狩猟した結果、大幅に数を減らして野生のトキは絶滅してしまいました。今、日本で飼育されているトキは、中国から送られたトキの子どもたちです。

　特別天然記念物や国際保護鳥に指定されたものの、トキが増えなかった理由の１つとしては農薬の使用も考えられています。なぜ、農薬の使用がトキに関係するのか説明しましょう。

あ～れ～

トキってカエル食べるんだ…

ひえー！

3

命

No.1

解答

・他の地域に入れない　　・捨てない　　・拡げない

別解例

・移動させない　　・逃がさない　　・放さない

・輸入しない　　・増やさない　　・繁しょくさせない

解説

生物を一度野生に放してしまうと、人の手で管理するのは難しい。環境省は、外来種によるさまざまな被害を予防するための「外来種被害予防三原則」を発表している。それが①入れない（悪影響をおよぼすおそれのある外来種を、本来生息していない地域へ「入れない」）、②捨てない（飼育・栽培している外来種をきちんと管理して「捨てない」）、③拡げない（すでに繁殖した外来種をこれ以上「拡げない」）。「外来種」と聞くとあまり関係ないと思うかもしれないけど、国内でも、他の地域から、生息していない地域に持ち込まれた生き物も外来種になる。本州より南で生息するカブトムシが、本来生息していなかった北海道に持ち込まれた例もあるよ。

No.2

解答

[例] 農薬をまくことで田畑の生態系がくずれ、まずミミズや水辺にすむ昆虫が減り、それを食べるカエルやドジョウなどが減り、その結果、トキが食べるものが減ってしまったから。

解説

食物連鎖のピラミッドを思い出そう。田畑の土にはミミズなど多くの小さな生き物がいて、カエルやドジョウ、ゲンゴロウ、トンボ、それらを食べる鳥たち…という風に豊かな生態系が作られる。農薬をまくと、生態系の下の「生産者」や小さな虫などが減少し、自ら栄養を作り出せない「消費者」は飢えてしまう。トキにもテン（イタチの仲間）という天敵がいるけど、食物連鎖のピラミッドでは上の存在にあたる。農薬で雑草や害虫は減るけど、その分、植物や小さな虫を食べていた生物が減り、それらを食べていた鳥たちが減り…と影響は広がっていく。なお、トキが絶滅したのは人間の乱獲が主な原因だけど、農薬使用によって食物連鎖のバランスがくずれたことや、生息地である水辺や田畑が失われたことも原因だと考えられているよ。人間のさまざまな行いがたくさんの生物に影響をおよぼしているんだ。

過去問チャレンジ！

> **さくら** そうじのあと、家族といっしょにカレーライスをつくって食べました。このカレーライスの材料1つ1つが、私たちのエネルギーのもとになるのですね。
>
> **指導員** 私たち生物は、食べ物にふくまれる栄養分を取り入れる必要がありますね。
>
> **たけし** 私たちが食べているものは、養分を何から取り入れているのでしょうか。
>
> **指導員** では、さくらさんが食べたカレーライスの材料を例に、食べ物のもとをたどっていき、行きつく生物が何になるのか、調べてみましょう。

【資料調べ】

1 カレーライスの材料を書き出し、それが植物なのか、動物なのか考えて分ける。

2 1で分けた生物が、どのようにして必要な養分を取り入れているかを調べる。

3 2で、ほかの生物を食べて養分を取り入れているものについては、その食べ物をさかのぼってたどり、行きつくまで調べる。

【調べた結果】

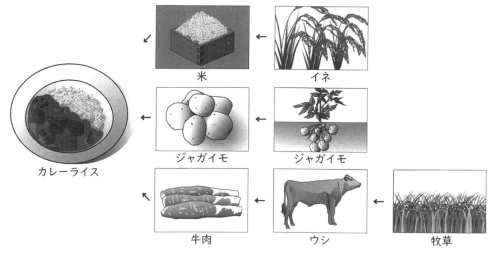

> **たけし** この結果から、②食べ物をさかのぼっていくと、カレーライスの材料は、植物に行きついていることがわかりますね。
>
> **さくら** 私たちは、動物や植物を直接食べるだけでなく、動物を食べることで、間接的に植物を食べているといえそうですね。

指導員　そのとおりです。では、海の中の生き物についても考えてみましょう。次の**図1**を見てください。

図1

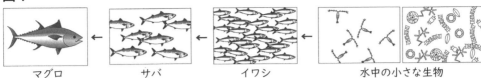

マグロ　　　　サバ　　　　イワシ　　　　水中の小さな生物

指導員　これを食物れんさといいます。食物れんさは、生物間の数も関係しており、一般的には、食べられる生物が、食べる生物より多いといわれています。

さくら　この例では、水中の小さな生物の数がいちばん多く、マグロの数がいちばん少ないということになるのですね。

たけし　自然の中では、何らかの原因で生物の数が変化することもあるのではないですか。そうすると、ほかの生物の数も変化しますね。

指導員　よく気がつきましたね。この例で、イワシの数が一時的に減ったとき、サバ、マグロと水中の小さな生物の数は、それぞれどのように変化しますか。

さくら　イワシの数が一時的に減ったとき、　　　　え　　　　

指導員　私たち人間の生活が、海の生物の食物れんさにえいきょうをあたえることもあるのですよ。海の環境を守るために、地球温暖化やプラスチックごみの問題などに興味をもって生活することが大切ですね。

（問3）──部②について、食べ物のもとをたどると、植物に行きつく理由を、植物の働きをふまえて、書きなさい。

（問4）さくらさんは　　　え　　　で、イワシの数が一時的に減ったとき、サバ、マグロと水中の小さな生物の数がどのようになるのかを答えました。　　　え　　　に入る適切な言葉を、生物どうしの食べる・食べられるの関係をふまえて、書きなさい。

No.2 2022年度宮崎県共通問題

課題4

ひろむさんは、生態系という言葉に興味を持ち、先生に質問をしました。次の 会話1 は、そのときの様子です。

会話1

ひろむ：生態系とはどういうものですか。

先　生：生態系は、その地域に生息する生物とそのまわりの光や水、温度など

の非生物的環境を１つのまとまりとしたものです。

ひろむ：生物と非生物的環境にはどんな関係があるのですか。

先　生：では、 図 を見てください。

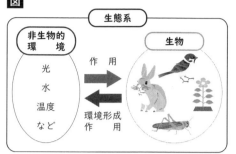

　　　　図 のように非生物的環境が生物に影響を与えることを作用といい、生物が生活することによって非生物的環境に影響を与えることを環境形成作用といいます。また、生物どうしもさまざまな関係をもっています。

ひろむ：生態系についてもっと調べてみます。

問い１　環境形成作用の例として正しいものを、次のア～エから１つ選び、記号で答えてください。

　　　ア　夏は植物に太陽の強い光が当たる。

　　　イ　雨が降って土の水分が多くなる。

　　　ウ　あたたかくなると、動物が活発に動きだす。

　　　エ　森林ができると、風がさえぎられる。

　ひろむさんは、生態系を構成する生物の間には、食物連鎖という関係があることを知りました。次の 会話２ は、先生と食物連鎖について話しているときの様子です。

会話２

ひろむ：生態系の中で、生物どうしが、食べたり食べられたりする関係でつながっていることを食物連鎖ということが分かりました。それから、ある地域の生態系で見てみると、それぞれの生物の数は増えたり減ったりしながら、食物連鎖の関係の中で、そのつり合いが保たれていることも分かりました。

先　生：では、質問します。ある地域に、植物Ａ・動物Ｂ・動物Ｃの３種類の生物だけがいるとします。動物Ｂは植物Ａだけを食べて、動物Ｃは動物Ｂだけを食べるものとします。この地域から動物Ｃだけがすべていなくなったとしたら、動物Ｂの数はどうなると思いますか。

ひろむ：動物Ｂを食べる生物がいなくなったので、ずっと増え続けると思います。

先　生：本当にそうでしょうか。a動物Ｂの数はずっと増え続けることができませんよ。調べたことを思い出して考えてみてください。

問い２　下線部aのようになる理由を説明してください。ただし、他の地域から生物が入ってきたり、他の地域へ生物が出ていったりすることはないものとし、病気も発生しないものとします。

過去問チャレンジ解説

解答例

問3 植物は、日光が当たることで、自分で養分をつくることができるから。

問4 イワシを食べるサバの数、サバを食べるマグロの数は減り、イワシに食べられる水中の小さな生物の数は増えます。

解説

問3 【資料調べ】の2、3で、「どのようにして必要な養分を取り入れているか」「ほかの生物を食べて養分を取り入れ」「さかのぼってたどり、行きつくまで調べる」と書かれているね。植物は、他の生物を食べているわけではないし、光合成で自ら養分を作り出しているから、これ以上はさかのぼれないよ。だから、すべての素材は植物がスタートラインになるわけだね。

問4 　え　の直前で指導員の方が「サバ、マグロと水中の小さな生物の数は、それぞれどのように変化しますか」と言っていることから、"それぞれ"増えるのか減るのかを説明しないといけないよ。

まず、イワシが減ったら、イワシを食べていたサバの数も減ってしまうよね。そうすると、今度はサバを食べていたマグロの数も減ってしまう。逆に、イワシが食べていた水中の小さな生物は、イリシが減ったことによって数が増える。ゆくゆくは元のバランスにまたもどるんだけど、「一時的に減ったとき」「どのように変化しますか」と聞かれているので、長期的な説明は求められていないよ。

それと、　え　はさくらさんの会話文で相手は目上の人なので、ていねいな言葉で答えを作ろうね。

解答

問い1 エ

問い2 動物Bの数が増えると、植物Aが食べられる量が増えるため植物Aの数が減り、食べる物が減った動物Bは最終的に減り、元のつり合いにもどるから。

解説

問い1 「先生」のコメントをよく読むと、「環境形成作用」は、生物が環境に影響

をあたえることを指すみたいだよ。つまり、動物や植物に何らかの変化が起きて、環境に影響をおよぼす内容になっていれば正解ということ。影響をあたえているのは、アは太陽、イは雨、ウは温度だから、すべて環境がスタート地点になっているね。エは森林、つまり植物に変化が起き、環境の1つである風に影響をおよぼしているので、答えはエに決まる。

問い2　「ずっと増え続けることができませんよ」と言っているので、どこかで増加が止まるような状況が起こるということだね。順を追って考えてみよう。Bが増えると、えさだったAも大量に食べられるので減ってしまい、えさが減ったBはじょじょに数を減らし、元のバランスに落ち着くよ。

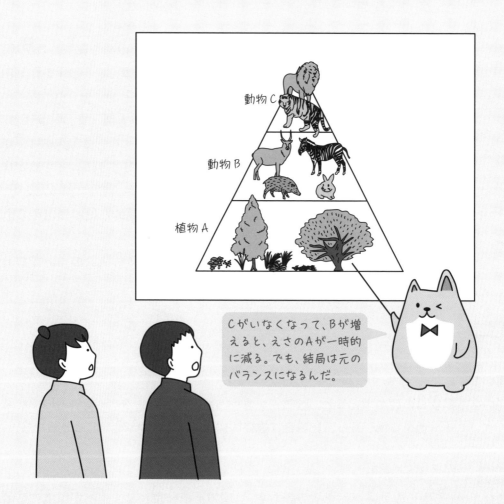

Cがいなくなって、Bが増えると、えさのAが一時的に減る。でも、結局は元のバランスになるんだ。

生物・植物の実験

第4章

ちきゅう
地球

太陽と影

　ものすごく身近な存在だからこそ、太陽や影について「なぜ?」と聞かれると説明に困ることがあるよ。身近過ぎて「当たり前」だと思っていることも多いので、きちんと自分の言葉で説明できるかどうか、1つずつていねいに確認していこう。

✧･ﾟ ポイント ✧･ﾟ

- **太陽の観察**…太陽や影の方角について観察するときには、いくつかポイントや注意点があるよ。実験や観察をするときに気をつけることは、適性検査でよくねらわれるところだから、確認しよう。
①太陽を観察するときは遮光板を使う
②目をいためるので太陽を長時間見つめない
③太陽や影を観察するときは、目印となる建物も一緒に記録する
④方位磁針は、最初からズレていることもあるので観察前に確認して、ズレがあれば棒磁石でこする
⑤地面に立てた棒の影を観察するときは1日中日なたになる場所を選ぶ

- **太陽と影の動き**…太陽は東の方から南の空を通って、西の方へ動いて見える。だから、影は太陽がある方角と真逆にできるよ。地面に棒を立てた場合で考えると、太陽・棒・棒の影は常に一直線になるように動く。これは、太陽の光がまっすぐ進むという性質があるからなんだ。また、太陽が高い位置にある12時ごろは影が短くなり、太陽が低い位置にある朝や夕方は影が長くなるよ。

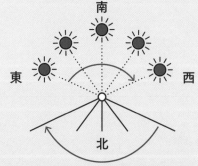

地面に立てた棒と影を上から見た様子

- 太陽と地面…太陽の光は地面を温めるので、日なたと日かげでは地面の温度、しめり気にちがいが出るよ。よく日が当たるところと、なかなか当たらないところでは育つ植物や生息する生き物も異なるんだ。太陽が高い位置にあるときは、光の量が多いので明るく、温まりやすくなり、太陽が低い位置にあるときは、光の量が少ないので暗く、温まりにくくなるよ。だから、太陽光パネルは南側に向けられ、さらに一番太陽が高くなるときになるべく垂直に光が当たるように工夫して設置されているんだ。

- 季節と太陽…春分（3月）、夏至（6月）、秋分（9月）、冬至（12月）の太陽の動きを比べて見てみよう。夏は太陽が真上から照りつけているように感じ、冬はあっという間に外が暗くなる。太陽が季節ごとに異なる動きをすることは日常生活からも想像できるはず。どんなちがいがあるのか、確認しよう。

	春分（3月）	夏至（6月）	秋分（9月）	冬至（12月）
昼と夜の長さ	昼と夜は同じ長さ	昼の方が長い	昼と夜は同じ長さ	夜の方が長い
太陽の高さ	冬至と夏至の間	1年で最も高い	夏至と冬至の間	1年で最も低い
太陽の動き	真東から真西へ（秋分と同じ） ➡	春分より北側 ➡	真東から真西へ（春分と同じ） ➡	秋分より南側

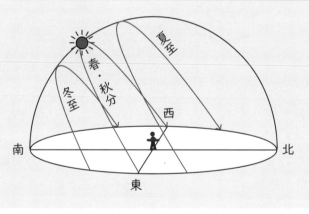

🖖 合格力アップのコツ

　季節による南中高度（太陽が真南に来て一番高く上がったときの、水平線との間の角度）の変化や、地球の自転や公転など、知らないと解けないような問題はまず出題されない。
　ただ、その場で情報をあたえられる分、「暗記じゃ解けない」問題が出るということだよ。しっかり理解しておかないと言葉で説明することは難しいので、観察道具の使い方や注意点など、くり返し確認して他の人に説明できるくらいにしておこう。

No. I

みつきさんのクラスでは、近くの科学館へ行き、日時計を作ることになりました。

（1）地図を見ると、科学館は学校の西にあるようです。みつきさんは、手の平の上に傾かないようにして方位磁針を置いてみると、図のように示しました。

このあと、みつきさんはどのようにすれば、西の方角を向けるでしょうか。次の空欄に当てはまるように答えを選びましょう。

まず、【　　①　　】を【　　②　　】。
次に、【　　③　　】を【　　④　　】。

ア　方位磁針　　イ　体　　ウ　赤い針が指す方へ向ける
エ　西と書かれた方へ向ける　　オ　赤い針が北を指すところまで回転させる

（2）みつきさんのグループは、科学館へ向かおうとしている。地図上のA地点で矢印の方向へ進んでいる途中に方位磁針を確認したところ、下図のように針が向きました。次に、B地点で矢印の方向へ進んでいるときに方位磁針を確認すると、どのように針が指し示すでしょうか。解答欄に書き込みましょう。

地図

A地点で確認したとき

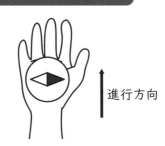

進行方向

（3）無事に科学館に着いて日時計を作ったみつきさんは、家の庭に手作りの日時計を置くことにしました。

どのように置けばよいでしょうか。正しい置き方をA～Cの中から選びましょう。なお、設置するときは方位磁針で方角を確認するものとします。

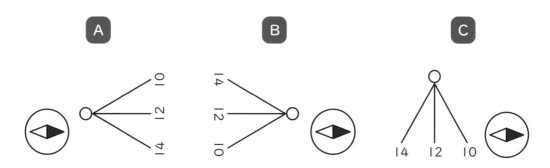

〇のところに棒を立て、時刻を確認します（10、12、14の目盛りは時刻を表す。たとえば、14の目盛りに棒の影が重なれば、午後14時であることを示す）。

No.2

太陽光パネルは、なるべく垂直に太陽の光が当たるような角度で真南に向けて設置すると、効率よくエネルギーを作ることができます。

日本のある地点で、6月下旬と、12月下旬の同じ時間に影の長さを測定したところ、6月下旬の影の長さの方が、12月下旬の影の長さより短くなりました。

多くの発電量を得るために季節ごとに太陽光パネルの傾きを変えるとすると、6月下旬と12月下旬のどちらを、地面に対して急な角度にすればいいでしょうか。

No. 1

解答

（１）①ア　　②オ　　③イ　　④エ

（２）

（３）A

解説

（１）方位磁針は日常的に使うものではないから、理科の授業で教わった方法を忘れてしまっている人も多いかも…。確認しておこう。まずは、手の平を上に向けて、方位磁針を傾かないようにして置くよ。針の赤い方は北を指しているはずだから、まずは手の平の上で、方位磁針をくるくると回し、北の目盛りと赤い針を合わせよう。このとき、体や手の平の向きは変えなくていい。方位磁針だけをくるくると回せばいいんだよ。

目盛りの北と、赤い針を合わせたら、これで方角がはっきりしたことになる。あとは、方位磁針で「西」と書かれた方角に体を向けてそのまま進めば、西方向に向かうことができるぞ。

（２）ちょっとややこしい問題だね。方位磁針は北向き、指先は進行方向（南西）だよ。

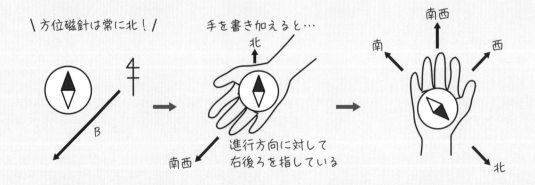

\ 方位磁針は常に北！/

手を書き加えると…

進行方向に対して右後ろを指している

前ページの図のように、まずは北向きの方位磁針を書いて、次に、南西方向に手を書き足そう。すると、進行方向に対して右後ろ側を指していることがわかるよ。

（3）まず、影が目盛りの方を向くように設置するよ。12時のときは影が北側にできるはずなので、方位磁針が北を差す方に12時の目盛りが来るように置こう。そのような向きになっているのはAだけだよ。

No.2

解答

12月

解説

6月の方の影が短いということは、同じ時刻で比べると太陽が12月よりも高い位置にあるということだね。

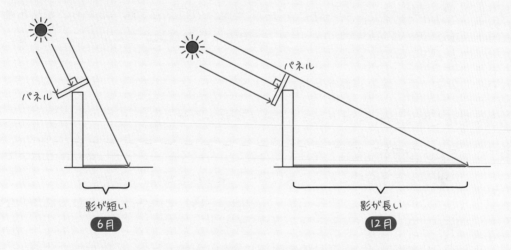

太陽光に対し、なるべく垂直になるようにパネルを設置しようとすると、上図のようになる。6月は地面に対してパネルを寝かせるようなゆるやかな角度がよく、12月は急な角度がよいとわかるよ。

過去問チャレンジ！

③栃木県のとちまる町に住むたけしさんは、書道展をみるため、一人でとなり町の
　文化センターに行きました。その帰りに、たけしさんは公衆電話からお母さんに
　電話をかけています。

たけし：お母さんどうしよう。お昼ご飯を食べたらねむくなって、バスの中でねてし
　　　　まい、B駅で降りるはずが、通り過ぎたようなのであわててバスを降りたんだ。
母　　：今どこにいるの。
たけし：分からない。バスから降りて、少し歩いたところにある公園の公衆電話か
　　　　ら電話をかけているよ。
母　　：周りに目印になるようなものは見えるかしら。
たけし：うーん。太陽でまぶしいけれど、太陽の方向に、タワーが見えるよ。
母　　：となり町のタワーね。分かったわ。B駅への行き方を調べるから、とりあえ
　　　　ずタワーに向かいなさい。タワーの中に公衆電話があるから、たどり着い
　　　　たらまた電話しなさい。
たけし：分かった。また電話するね。

　母は電話を切った後、むすめのえりかさんと話をしています。

母　　：どこの公園から電話をかけてきたのかしら。でも、タワーに着けばB駅まで
　　　　の道順を伝えられるから、家に帰って来られるわね。
えりか：お母さん、タブレットでとなり町の地図（図）を調べたら、たけしはこの公
　　　　園から電話をしてきたことが分かったわ。
母　　：すごいわね。どうしてこの公園だと分かったの。

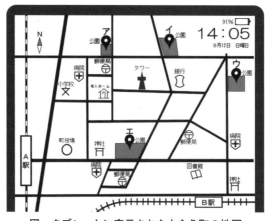

図　タブレットに表示されたとなり町の地図

[問1] たけしさんが電話をかけた公園はどこですか。会話や図を参考に、図の**ア**から**エ**の中から一つ選び、記号で答えなさい。また、その記号を選んだ理由を書きなさい。

けんたさんとみくさんは、ボランティア活動で、低学年の子供たちと一緒に遊ぶ活動をしています。

けんたさん

前回のボランティア活動は晴れていたので、グラウンドで、おにごっこをしたね。

【おにごっこをしていたときの写真】を持ってきたよ。何時くらいにとった写真かな。

みくさん

【おにごっこをしていたときの写真】

問 題 4

【おにごっこをしていたときの写真】で、太陽のある方向と【おにごっこをしていたときの写真】をとった時間帯の組み合わせとして最も適したものを、下のアからオまでの中から1つ選び、記号で答えなさい。

ア　太陽は①の方向、時間帯は午前10時ごろである。

イ　太陽は①の方向、時間帯は午後2時ごろである。

ウ　太陽は②の方向、時間帯は正午ごろである。

エ　太陽は③の方向、時間帯は午前10時ごろである。

オ　太陽は③の方向、時間帯は午後2時ごろである。

No.1

解答

記号：イ

理由：14時5分には、真南よりも西に太陽が位置している。よって、たけしさんのいる位置から、太陽とタワーが同じ方角に見える公園はイだから。

解説

まず、14時5分の太陽の位置を確認しよう。正午は過ぎているので、真南よりも、西に見えるはず。画面の南西に太陽を書いて、タワーと一直線に結ぶと、その延長線上に公園イがあるとわかるよ。だから、イから見たときにタワーと太陽は同じ方角に見えたんだね。

☑記述チェックポイント

・太陽が、真南よりも西側にあることが書かれていること

・タワーと太陽が同じ方角に見えるのは公園イである、という結論が書かれていること

No.2

解答

オ

解説

写真の左側が東、右側が西なので、写真の下側が北になるよ。影はななめ左下、つまり北東方向に伸びているので、太陽は逆（③の方向）の南西方向にあるはず。この時点で、答えはエかオにしぼられるよ。

あとは、正午と日がしずむ時間の間くらいの時間帯を選ぼう。

天気

お天気に関する問題は、体積や水の状態変化も関係するよ。これまで学習した知識を結びつけながら考えよう！

✨ ポイント ✨

- 晴れの日と、くもりや雨の日のちがい…晴れの日は気温のグラフが山のような形になり、午後2時ごろが一番高くなる。くもりや雨の日は1日を通して気温の変化が小さく、朝の気温が一番高いこともある。

- 気温と地温…気温は空気の温度、地温は地面の温度のこと。太陽の熱によって最初に地面が温められ、そのあと空気が温められるよ。だから、地面は午後1時ごろに最も高くなり、気温は午後2時ごろに最も高くなるというズレが発生するんだ。夜になると、地面が冷やされて、その地面によって空気が冷やされ気温が下がるよ。地温と気温は深く関係しているんだね。

- 水温…川や海などの大きな水面の温度や、井戸の水など地面や空気と接している水の温度を指すよ。特に海などの大きな体積を持つ水は、空気よりも温度の変化が起きづらいので、朝から昼にかけて一気に気温が上がっても、海水の温度は気温ほどには上がらないんだ。

- 水蒸気と天気の関係…雨の日にコンクリートの上にできた水たまりも、天気が回復すれば自然となくなるよね。これは、地面に染み込んで消えたのではなく、空気中に蒸発したからなんだ。よく晴れた乾燥している日は、空気中の水蒸気量が少ないので、その分、さかんに蒸発するよ。じめじめした日に洗濯物がなかなか乾かないのは空気中にふくまれている水蒸気の量が多いからだよ。

よく晴れた乾燥している日は、空気中の水蒸気量が少ないので、よく蒸発するよ

じめじめした日は空気中の水蒸気の量が多いので、洗濯物がなかなか乾かないんだ

- **雲のでき方**…雲の正体は、空気中の水蒸気が上空で冷やされて、水や氷のつぶになったものなんだ。空気中にふくむことができる水蒸気の量には限界があって、温度が下がるとその限界量も下がる。だから、ふくみきれなくなった水蒸気が水になって表れるんだよ。暑い日に、冷たい飲み物を入れたコップのまわりに水てきがたくさんついているのを見たことがあるはず。これも同じ仕組みで、コップの周りの空気にふくまれる水蒸気が冷たいコップに冷やされて、水になったものなんだ。寒い日に窓ガラスが結露するのも同じ現象だよ。

- **天気の変化**…天気は、時間とともに変化するよ。雲は西から東へと移動するので、天気もおおむね西から東へと変わるんだ。これは、日本の上空で西から東へ「偏西風」がふいているからだよ。

- **台風**…台風は日本の南の海上で発生して、最初は西に進み、その後は東にカーブしたり、北上したりさまざまなルートで動くよ。台風の動きによっては天気も変化し、強い雨や風もいっしょにやって来るのは知っているよね。天気は西から東へ変化するけど、台風が発生したときはこの決まりは当てはまらないんだ。「台風はどうしてこんな動きをするんだろう？」というようなちょっとした疑問も、ふだんから調べる習慣をつけておくと、適性検査で大いに役立つよ。

👆 **合格力アップのコツ**

　使う知識はほんの少し。天気の移り変わりや雲のでき方はしっかりおさえておいて、あとはその知識を使ってさまざまな切り口の問題で練習しておこう。似たような問題が多いので、練習量で差がつくジャンルと言えるよ。

No.1

　かける君は、空気中にふくまれる水蒸気が上空で冷やされ、水や氷のつぶとなって雲ができることを習いました。そこで、水蒸気が冷やされると水に変わることを次のような実験で確かめました。すると、図のようにふくろの内側には水てきがつき、空気中の水蒸気が水に変わることがわかりました。しかし、同じ班のたつや君から、「外側の水そうの水がふくろの中に染みこんだのかもしれないよ」と言われてしまいました。

　ふくろの内側についた水てきが、外から染み込んだものではないことを確かめるためには、どのように実験をし、何を確認すればよかったでしょうか。説明しましょう。なお、使用するものは実験で使ったものであれば、いくつでも予備を使うことができるものとします。

実験

（**目的**）空気中の水蒸気が冷やされると水に変わることを確かめる
（**手順**）①ポリエチレンのふくろに空気を入れてふくらませ、口をしっかり輪ゴムでとめる
　　　　②氷水が入った水そうに①のふくろを入れ、観察する
（**図**）

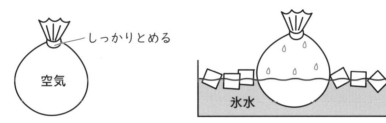

しっかりとめる

空気

氷水

（**結果**）しばらくすると、ふくろの中が白くくもった。
　　　　取り出して外側をふき、ふくろの中をよく見ると、水てきが発生していた。

No.2

　日本には、天気に関する言い伝えがいくつかあります。たとえば、「ツバメが低く飛ぶと雨が降る」というものです。これは、雨雲が近づき空気中の湿度が高くなると小さな虫は羽が重くなるため低く飛び、それをエサとするツバメも低く飛ぶようになるからと言われています。

　では、次の言い伝えの①〜③に入る天気は、晴れ、雨、どちらでしょうか。考えてみましょう。

・朝虹は【　①　】、夕虹は【　②　】

・夕焼けは【　③　】

※朝虹・夕虹…朝虹は朝方、夕虹は夕方に出る虹のこと。虹は太陽を背にした方向に雨雲があると発生する。
　夕焼け…太陽がしずむころ、地平線に近い空が赤く見えること。

No. 1

解答

水そうを2つ用意し、1つは氷水、1つは室温と同じ温度の水を入れる。次に、空気を閉じ込めたポリエチレンのふくろを2つ用意し、それぞれ1つずつ水そうに入れる。同じ時間おき、水そうから取り出してふくろの内側を確認したとき、氷水に入れた方のふくろの中には水てきがつき、室温と同じ温度の水に入れたふくろの方には水てきがつかなければ、外から水が染み込んだのではないことが確かめられる。

解説

確かに、水そうの水がふくろの中にじわじわと染み出したのかもしれないよね。それを確かめるには、同じようにふくろを用意して同じ時間水の中につけて、ふくろの中がしめっていないことを確認しないといけないよ。

同じように氷水に入れてしまったら水てきが発生してしまうから、周囲の空気（室温）と同じ温度の水を用意して、ふくろの中で温度変化が起きないようにしよう。そして、2つのふくろの中を比べて、温度変化がない方のふくろの中は変化が起きていないことがわかれば、ポリエチレンのふくろに外から水が浸入しないことが説明できるよ。

No. 2

解答

①雨　②晴れ　③晴れ

解説

虹は、太陽を背にして見た方角に雨雲があるときに見られる。朝、東にある太陽を背にして見たときの方角、つまり西側に雨雲があるということ。天気は西から東へ移り変わるので、西側にある雨雲がこれからやって来るため、①は雨だよ。

夕方に虹が出たということは、西側にある太陽の光が虹を作っているため、西側は雲が少ないと考えられるよ。だから、このあと晴れることが予想できるんだ。

夕焼けは、太陽がしずむ西の方角の雲が少ないから見られるよ。つまり、このあとは雲が少なくよい天気になることが考えられるということだね。

虹は、太陽がある方とは逆の方角にできる。
朝、太陽は東にあるので、虹は西にできる。
夕方、太陽は西にあるので、虹は東にできる。

No. 1 2022年度奈良県立青翔中学校 解説動画アリ

⑤ 小学生の翔太さんは、夏休みの自由研究で天気について調べることにしました。そこで、近所に住む気象予報士のお姉さんにお話を聞くことにしました。次の ▢ 内は、翔太さんが聞いた内容です。後の各問いに答えなさい。

> 翔太さんは、まず台風についてお姉さんに質問しました。すると、お姉さんは日本付近の気象衛星の雲画像を見せてくれました。図1に示す**ア～ウ**は、ある台風が日本に接近したときの連続する3日間の雲画像です。

ア  イ  ウ

図1 （気象庁のウェブサイトより引用）

（1）上の図1の**ア～ウ**の雲画像を、日付の古いものから新しいものへ順番にならべ、記号で書きなさい。

> お姉さんの話では、ある地点での台風が通り過ぎる前後の風の向きや強さの変化がわかれば、その地点の周辺を通り過ぎる台風のおおよその経路が予想できるとのことでした。その理由は、地上付近では台風の周囲の風は、図2のように時計の針が動く向きと反対方向に回転しながら中心に向かって吹き込んでいるからだそうです。

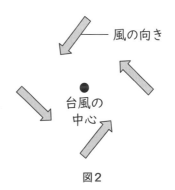

図2

（2）表1は、ある日にN市付近を台風が通り過ぎる前後の時刻において、N市の気象台で観測された風の向きと強さを表したものです。台風は気象台の付近をどのように通り過ぎたと考えられますか。図3の**ア～エ**から1つ選び、その記号を書きなさい。ただし、図3の矢印は台風の進行方向を、矢印上の●は各時刻での台風の中心の位置を表しており、地形による影響は考えないものとします。

表1

時刻	6時	9時	12時	15時
風の向き				
風の強さ	4	6	7	4

（風の強さは、0～12までの13段階で示し、数字が大きいほど強くなる。）

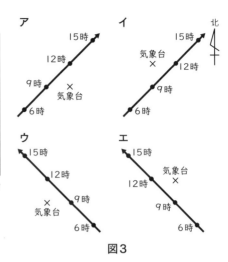

図3

地球

No.2 2021年度徳島県共通問題

【課題2】さくらさんたちは、地域のサイエンススクールに参加し、野外活動のことを思い出しながら実験を行いました。さくらさんたちの会話や、観察、実験1、実験2をもとにして、あとの問いに答えなさい。

さくら　今回の野外活動でも、いろいろな生き物の観察ができました。私は、トノサマガエルのようすを観察して、記録しました。季節ごとに観察を続けてきたので、変化がよくわかります。

たけし　私たちの班では雲の観察をしました。私は、3時間ごとに空全体の雲の量を調べました。

さくら　どのようにして調べたのですか。そのときのようすを教えてください。

[さくらさんの観察記録の一部]

トノサマガエルのようす
公園の池
午前11時　晴れ
気温20℃　水温22℃
　おたまじゃくしから成長したトノサマガエルが池の中にいた。

観察

1　図1のように、内側を黒くぬった透明半球に空を映して、雲の量を調べる。空全体の広さを10として、空をおおっている雲の広さをもとに、天気を記録する。
雲の広さが0～8を「晴れ」、9～10を「くもり」とし、雲の量に関係なく、雨が降っているときは「雨」とする。

図1

160

2　3時間ごとに雲の色や形、雲が動く方位を記録する。方位は方位磁針で確かめ、8方位で表す。

[雲のようすと天気の変化の記録]

〈午前10時〉
晴れ　雲の量…5
気がついたこと
　白くてうすい雲が広がって見えた。雲は南西から北東へゆっくりと動いていた。

〈午後1時〉
晴れ　雲の量…7
気がついたこと
　白い雲が厚くなってきた。雲は西の方からどんどん広がってきているようだ。

〈午後4時〉
くもり　雲の量…10
気がついたこと
　空全体が黒っぽい雲でおおわれていた。遠くの空は雨が降っているように見えた。

たけし　午後4時の観察の後はみんなで片づけをして、家に帰ったのでしたね。私は10分くらいで家に着いたのですが、その後しばらくして雨が降ってきました。

さくら　午後4時の記録に、「遠くの空は雨が降っているように見えた。」とありますが、それは①私たちが野外活動をした地域より　あ　の方の空だったのではないですか。

指導員　そうですね。日本付近の天気の変化の特ちょうを知っておくと、天気を予想することができますね。

（問2）野外で観察するとき、温度計を使って気温や水温を正しくはかるために、どのようなことに気をつける必要があるか、「日光」という言葉を使って、気温や水温のはかり方に共通する注意点を書きなさい。

（問3）——部①について、さくらさんは　あ　で、方位を答えました。　あ　に入る方位を、**東・西・南・北**から1つ選び、書きなさい。また、そう考えた理由を、観察の[雲のようすと天気の変化の記録]をもとにして書きなさい。

No.1

解答

（1）（古いもの）ア　→　ウ　→　イ（新しいもの）

（2）ア

解説

（1）台風は南の海上で発生して、そのあとは次第に北の方へ進んでいく。奈良を基準に考えると、まだ南の方に台風の雲があるアが一番最初で、奈良の真上に来たウがその次、最後に奈良の北東へ台風が進んだイ、という順番だと考えられるよ。

（2）風の強さを見ても、選択肢のア〜エを見ても、台風が近いのは9時と12時だね。6時や15時は風が弱いため台風が遠いことがわかるので、近くに来ていた9時と12時で考えよう。

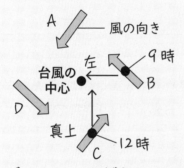

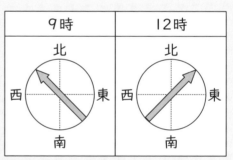

図2には4つの風向きがあるので、それぞれ4つの風が吹いているエリアをA、B、C、Dとしよう。9時は南東から風が吹いているので、図2のBのエリアだということ。このとき、台風の中心はBから見てほぼ左側だとわかるよ。9時のときに台風が気象台の左にあるのは、アだけだね。

念のため、12時も確認してみよう。南西の風が吹いているのはCだね。このとき、台風の中心はCから見てほぼ真上だとわかる。アを確認すると、確かに12時は気象台のほぼ真上に台風が来ているね。

No.2

解答

（問2）温度計に日光が直接当たらないようにしてはかる。

（問3）方位：西

理由：午前10時の雲が南西から北東へ動いているようすから、午後1時に西の方から広がってきた雲は、東の方へ広がっていくと予想される。このことから、雨雲が野外活動をしていた地域の方へ移動してきたと考えたため。

解説

（問2）温度をはかるときは、直射日光が当たると日光が温度計を温めてしまって、正確にはかれなくなってしまうよ。だから、さえぎるものがない屋外で温度計を使うときは、「液だめ」部分におおいをしてはかるんだ。今回の問題では、「日光」という言葉を使うという条件があったけど、日光以外にもさまざまな注意点があるよ。

- 気温をはかるときは、風通しのよいところではかること（密閉されたところだと実際の気温より高くなってしまう）
- 使い終わったらケースにしまう（ガラスでできているので、万が一、落としたときに壊れないようにするため）
- 液だめを直接持たない（手の熱が伝わってしまうため）
- 温度を読むときは正面から目盛りを読み、温度計と視線が垂直になるようにする

（問3）観察の記録を見ると、主に西から雲が移動していることがわかるよ。遠くの空は天気が悪く、次にたけしさんやさくらさんたちがいるエリアでも天気がくずれてきた。西から雲が移動することをふまえると、雨雲が見えた遠くの空は西側だったとわかるね。

PM1:00　西から白い雲が…

雲は西の方から移動してくる！

PM4:00　黒っぽい雲におおわれる

遠くは雨のようだ

10分後　PM4:10

雨雲も西からやって来ることをふまえると、PM4:00に遠くに見えた雨模様は西の方角だと考えられる

太陽と月

この単元は、苦手な子がぐんと増える。月の満ち欠けや月齢、月の出・月の入りの時間、月が移動する角度など、覚えないといけないことが山ほどあると感じるかもしれないけど、決してそんなことはないよ。きちんと理屈を覚えておけば、暗記しないといけない量を減らすことができるんだ。

✦✧ ポイント ✧✦

- 月の様子…月は地球にいつも同じ面を向けているよ。隕石がぶつかってできたクレーターが多数存在する。大気がないので風は吹かず、水もないので、月面着陸した宇宙飛行士の足あとは50年以上経っても残っている。

- 月の見え方…月の形が毎日少しずつちがって見えるのは、月と太陽の位置が変わることによって、太陽の光の当たり方が変わるから。つまり、月は自分では光っていないんだ。

- 月の動き…太陽の見え方と同じく、東から上り、南の空を通って、西にしずむように見える。地球が西から東に向かって回転しているために、太陽や月、星が東から西に動いているように見えるんだよ。

- 南中時刻（南の最も高い空に見える時刻）と月齢（新月を0として、およそ何日目か。約29.5日で次の新月になる）

月の形	新月	三日月	上弦の月	満月	下弦の月	新月（くり返し）
南中時刻	正午	午後2時ごろ	夕方	真夜中	明け方	正午
月齢（およそ）	0日目	2～3日目	7日目	15日目	22日目	0（29.5）日目

上弦の月と下弦の月のしずみ方

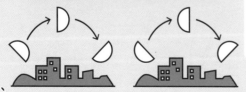

弓にはられた糸を「弦」と言うよ。弦を上にしてしずむから「上弦」、弦を下にしてしずむから「下弦」と覚えよう！

合格力アップのコツ

　月の満ち欠けや、太陽と月、地球の関係などを、頭の中だけでとらえようとするのは無理がある。ピンポン玉を持って光を当てて満ち欠けを再現してみたり、月の観察日記をつけてみたり、「自分の目で見て、納得する」というステップをふむことで暗記に頼らない知識にすることができるよ。そうやって学んだことは絶対に忘れないぞ。百聞は一見に如かず、だよ。

例題

No.1

　みなとさんは、太陽が月の影によって部分的にかくされる「部分日食」を観察し、ほんのわずかな時間でしたが、貴重な写真をとることができました。部分日食とは、地球、太陽、月が一直線に並ぶことですが、その並びはA〜Dのうちどれが正しいでしょうか。また、部分日食を観察するときの注意点について、「太陽」という言葉を使って説明しましょう。

A　太陽－月－地球　　　　B　月―太陽－地球
C　太陽－地球―月　　　　D　月―地球―太陽

No.2

　さくらさんは、学校の授業で懐中電灯とボールを使って、月の満ち欠けについて学びました。図1のように8方向に円を描くように等しい間かくで立てた棒の上にボールを置き、部屋を暗くして、ある方向から懐中電灯でボールを照らしました。すると、Aのボールは、中央に立つさくらさんから見ると、図2のように見えました。

　では、図3のように見えるボールは、どれでしょうか。B〜Hの中から1つ選びましょう。

　なお、さくらさんの影や他のボールの影がうつることはなく、懐中電灯は途中で移動しないものとします。

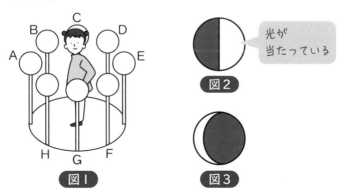

光が
当たっている

図1

図2

図3

例題解説

No.1

解答

A

注意点：太陽を直接観察しないようにすること。

解説

太陽が月の影にかくされる、と言っているから、月が割り込むように入っているはずだね。太陽の光はたとえ部分日食で一部が欠けているとしても、直接観察しないようにしてね。望遠鏡や双眼鏡、下じきを使って観察するのもダメだよ。

なんじゃこりゃ〜

部分日食のときは木もれ日の光も欠けるんだよ

No.2

解答

D

解説

今のままだとわかりづらいので、上から見た図にしてみよう！　Aのボールは右半分が光って見えたということは、A方向を向いているさくらさんの右手側から、光が当たっていることになるよ。あとは、図3のように左側だけが少し見える場所を探そう。このように見えるのは、図Dだね！

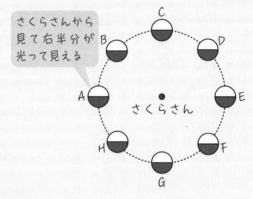

さくらさんから見て右半分が光って見える

C
B
D
A
さくらさん
E
H
F
G

光

図3では左側が少し光っているので、さくらさんから見て左奥に光があるとわかる。この関係を上から見ると…

さくらさん

図3

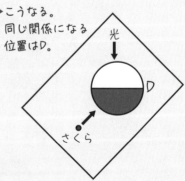

光　ボール

左側の光が少し見える

さくら

こうなる。同じ関係になる位置はD。

光

D

さくら

過去問チャレンジ！

No. I 2022年度山形県立東桜学館中学校（ねんどやまがたけんりつとうおうがっかんちゅうがっこう）

4　後日、秋代さんの班は、学校で「宿はく学習のまとめ」を作成しました。次は、秋代さんが作成している 「宿はく学習のまとめ」の一部 です。

「宿はく学習のまとめ」の一部

〈月のスケッチ〉の（　A　）には、月が見えた方角を書きます。（　A　）にあてはまる最も適切な方角を、東、西、南、北の中から一つ選び、書きましょう。また、Bの位置には、秋代さんから見えた月をえがきます。秋代さんから見えた月の形はどれですか、次のア～エの中から一つ選び、記号で書きましょう。

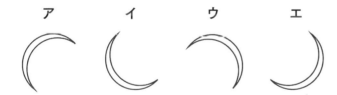

No. 2 2021年度奈良県立青翔中学校（ねんどならけんりつせいしょうちゅうがっこう）

④ある年の９月下旬（げじゅん）の午後６時ごろに、翔太さんとおじいさんが月を見て話をしています。下の翔太さんとおじいさんの会話をよく読み、後の問いに答えなさい。

翔太	おじいさん見て！ A満月が東の空に見えているよ。
おじいさん	今日は中秋（ちゅうしゅう）の名月（めいげつ）といって、昔から月をながめて、農作物の収穫（しゅうかく）を祝う日だね。
翔太	だから、Bススキやお団子（だんご）を供えているおうちが多いんだね。そういえば、毎日同じ時刻に月を見ると、月の形や位置は日ごとに変わっていくよね。
おじいさん	うん、月は、球の形をしていて、太陽の光が当たっている部分だけ

が反射して明るく見えるんだよ。また、月は地球の周りを回っていて、月と太陽の位置関係が毎日少しずつ変わっていくので、c同じ時刻に空に見える月の形や位置も日ごとに変わっていくんだね。

翔太　じゃあ、月の形が再びもとにもどるには、どれくらいの期間がかかるの。

おじいさん　地球から見た月の形が再びもとにもどるまでの期間は約29.5日といわれているよ。望遠鏡で月を見てみるかい。

翔太　うん。わー、月の表面には丸い穴がいっぱいあるね。

おじいさん　それはクレーターといって、石や岩が月の表面にぶつかったあとだよ。

翔太　へー、でも月の表面の模様って、いつ見ても同じだね。

おじいさん　そうだね。それは、月が地球にいつも同じ面を向けているからだよ。

翔太　ところで、来年も今年と同じ日が中秋の名月になるの。

おじいさん　それはどうかな。インターネットで調べてごらん。

翔太　D来年の中秋の名月の日は、今年より10日ほど早まるみたい。なぜだろう。

おじいさん　考えてみるとよいね。そういえば、1969年7月にアポロ11号が月に着陸してからもう50年ほど経つね。この50年で宇宙開発もかなり進んだね。

翔太　ぼくも将来は宇宙飛行士になって、E月から地球をながめてみたいな。

（1）会話文中のおじいさんの-----線部の発言を図に表すと、図1のようになります。——線部Aについて、翔太さんがこの日に見た月は、図1のア〜クのどこに位置していると考えられますか。ア〜クから1つ選び、記号で書きなさい。

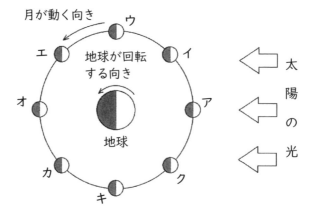

図1　太陽の光と地球と月（ア〜ク）の位置

（3） ——線部Cについて、中秋の名月の日の7日前の午後6時ごろにも、翔太さん
は空に月が出ているのを見つけていました。それはどのような月でしたか。翔
太さんが見た月の形と位置がわかるように、解答用紙に図示しなさい。

（4） ——線部Dについて、来年の中秋の名月の日が今年よりも10日ほど早まる理
由を説明しなさい。ただし、1年は365日とし、中秋の名月の日は必ず満月に
なるものと考えてください。

（5） 写真1は、満月の日に地球から見た月面のようすです。——線部Eについて、
月面の中央（写真1の×の位置）から地球を観察すると、月から見た地球の位
置と形はどのように変わると考えられますか。図1をもとにして、最も正しい
と考えられる文を、〔月から見た地球の位置〕についてはア～ウから、〔月から
見た地球の形〕についてはエ～キから、それぞれ1つずつ選び、記号で書きな
さい。

写真1　月面のようす

〔月から見た地球の位置〕
　　ア　東の空から出て、頭の真上を通り、西の空に沈む。
　　イ　西の空から出て、頭の真上を通り、東の空に沈む。
　　ウ　いつもほぼ頭の真上に見える。

〔月から見た地球の形〕
　　エ　いつも新月のようになって見えない。
　　オ　いつも満月のように丸く見える。
　　カ　地球から見た月と同じように形が変化し、約15日でもとの形にもどる。
　　キ　地球から見た月と同じように形が変化し、約29.5日でもとの形にもどる。

過去問チャレンジ解説

No.1

解答

A：東　　B：イ

解説

どの選択肢も細い月になっているよ。山の近くの低い空に見えているので、東の空に上ってきたばかりか、西の空にしずみかけているか、どちらかだね。ただし、日の出直前に太陽と入れ替わるように西にしずむのは満月だから、選択肢のような細い月はありえないよ。ということは、月は西ではなく東に上り始めたばかりだと考えられる（A＝東）。
あとは、どのように上るかだね。日の出直前ということは、太陽が月を追いかけるように上って来るはず。太陽がある方向が光って見えるから、向きはイになるよ。

東

No.2

解答

（1）オ
（3）

D

ー――――――――――――　←地平線
東　　　　南　　　　西

（4）[例] 月の形がもとにもどるまでの期間である29.5日を12倍すると354日となり、
　　　　 1年の日数である365日よりも11日少ないから。
（5）〔月から見た地球の位置〕ウ　　　〔月から見た地球の形〕キ

解説

（1）満月が見えるということは、太陽の光が照らした月の面を地球が正面から見ているということだね。月・地球・太陽の順にまっすぐ並んでいるのは、オだよ。ちなみに、まっすぐに並んだら月が地球の影に入って、満月のときはいつも月食が起こるのでは？、と思う人もいるかもしれないね。確かに、年に数回月が地球の影に入ることもあるけど、月の通り道は太陽と地球を結ぶ線に対してほんの少しだけズレがあるので、太陽の光がしっかり当たって満

月に見える。これは、月や地球と比べ、太陽があまりにも大きいということも関係しているんだ。太陽の直径が30㎝だとすると、地球はおよそ3㎜、月はおよそ0.75㎜になる。太陽の光に対して、つぶのような地球の影に、より小さな月が完全にかくれるのは非常にまれで、1年に観察できるほとんどの満月は地球の影にかくれず光がしっかり当たっているよ。

（3）新月の月齢を0とすると、およそ1か月で次の新月になるので、その中間である満月の月齢は1か月の半分のおよそ15。さらに、その7日前となると、新月と満月の中間の月、つまり上弦の月だとわかるよ。
南中時刻は、新月は12時（太陽と同じ）、満月は24時というのは覚えておこう。そうすると、新月と満月の中間である上弦の月の南中時刻も18時ごろとわかる。お昼12時と真夜中24時のちょうど間だからね。南中している18時ごろの上限の月の見え方を聞かれているので、南の空に書き込もう。

（4）月がもとの形にもどるのは、約29.5日だということは会話文の中に書かれているよ。満月を見た日から29.5日で次の満月、また29.5日で次の満月…とくり返すということ。およそ1年後、つまり29.5日の周期を1年（12か月）くり返すので、29.5×12＝354日後に満月にもどるよ。おじいさんと満月を見た日の1年後（365日後）よりも11日ほど前ということだね。

（5）この問題は混乱しそうだね…。まず、「月から見た地球の位置」について考えよう。月は、常に同じ面を地球に向けているんだったね。ということは、月から見ると、地球は常に同じ場所で浮かんでいるように見えているはず。
次に、「月から見た地球の形」を考えよう。月も地球も自ら光を発しているわけではないので、見え方を考えるなら照らしてくれる太陽の存在が欠かせないよ。地球から月を見たときに満ち欠けするのは、地球・太陽・月の位置関係が変わって、およそ1か月かけてもとにもどるからだったよね。それは月から考えても同じはずだよ。

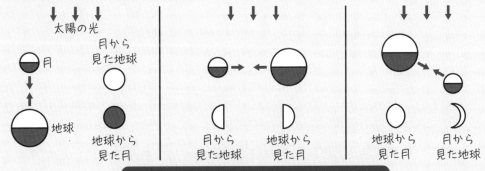

2つの見え方を足すと、ちょうど円になるよ

4 川（かわ）

　日本の河川は、平らな土地をゆったり流れる外国の大河のイメージとは異なり、土地がせまく山が多いため短くて急という特徴があるよ。川の流れをコントロールして災害を防ぐことも大切だけど、動植物の住む生態系も守らないといけないので、まだまだ課題は多いんだ。

✨ ポイント ✨

【流れる水の働き】

- しん食…水の流れによって地面がけずられること。川の流れが急なところや、流れる水の量が多いところほど、しん食の働きが大きくなる。

- 運ぱん…土砂などが水の流れによって運ばれること。川の流れが速いほど、大量に、遠くまで運ばれる。

- たい積…水の流れによって運ばれた土砂などが積もること。川の流れがおだやかなところほど、たい積する。

- 川の断面…まっすぐな川では、一番深い部分は流れが速いため、しん食・運ぱんの働きが大きい。カーブしている川では、カーブの外側の方が流れが速く、しん食が起こって深くなる。カーブの内側は流れがおだやかなので、たい積の働きによって細かな砂、小石が積もって河原ができる。

まっすぐな川

河原　　河原

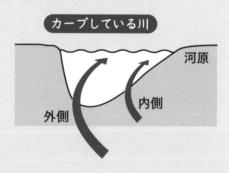

カーブしている川

河原

外側　　内側

- 川と石…水の流れによって運ばれた石は、ぶつかったりこすれたりするうちに、次第に角が取れて丸くなっていくよ。川の上流ほどゴツゴツとした石が多く、川の下流ほど、特に河口付近に近づくにつれ小さく丸い石が増えていくんだ。

- 川と地層…運ぱんによって海や湖に流れ込んだ土砂は、つぶが大きい順に河口付近からしずんでいくよ。最初につぶが大きい「れき」が重いのですぐしずみ、その次に中間の大きさの砂がしずみ、最後につぶが小さいどろがしずむ。どろは、河口から遠いところにたい積するよ。

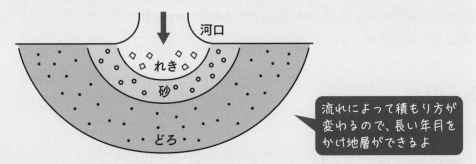

河口

れき

砂

どろ

流れによって積もり方が変わるので、長い年月をかけ地層ができるよ

- 川と暮らし…海外の川と比べると全体の長さが短く、上流から下流の勾配（傾き）が急な日本の川は、大雨が降ると急激に水かさを増し、大きな被害をもたらすことがある。そんな特徴を持つ日本の川をコントロールするためにダムを作ったり、洪水から暮らしを守るために川辺の護岸工事をしたり、流れをおだやかにするために川に段差を作ったりしてきたよ。その結果、コンクリートで固められた川辺の生態系はくずれ、海から川へ産卵のために遡上すること（川をのぼること）ができず、数を減らした魚もいるんだ。

「魚道」を回復させる取り組み

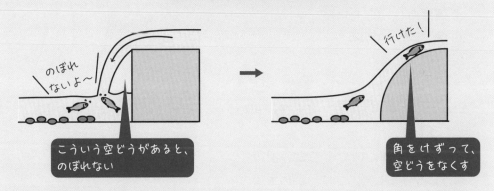

のぼれないよ～

行けた！

こういう空どうがあると、のぼれない

角をけずって、空どうをなくす

- 川と森…森は「緑のダム」とも呼ばれていて、降った雨をたくわえる働きがあるよ。だから、手入れされていない森林が増えたり、無計画に伐採したりすると、緑のダムの機能が失われて、雨がそのまま川に流れ込んでしまうんだ。そうすると、流れる水の働きによって大量のどろが海にまで流れ込んで、河口付近の海藻類が育たなくなってしまう。森は雨水をためて大雨のときの川の流量をおさえることができるだけでなく、豊かな森林でたくわえられ栄養たっぷりのわき水として出てきた水は藻場（沿岸にある海藻などの生息地）を育て、プランクトンや小魚たちの住処にもなるんだよ。

川と森林、暮らしとの関わりは、「社会」分野でもよくねらわれるよ。防災と、環境保全のバランスを取ることは難しいけど、これからの未来を担うキミたちが、自分たちが使っている水源を知り、守るための行動を取り、日ごろから関心を持って地域を観察することが期待されているよ。

例題

No. I

（I）図のように曲がっている川を見つけました。⑦の方は河原で、たくさんの石がありました。このような川の特徴について、次のようにまとめました。空欄A〜Eに当てはまる言葉を入れましょう。

曲がっている川の内側は水の流れが【　　A　　】ので、【　　B　　】された石が【　　C　　】しています。
外側は水の流れが【　　D　　】ので、けずられてがけのようになります。
また、水面の深さは、【　　E　　】の方が深くなります。

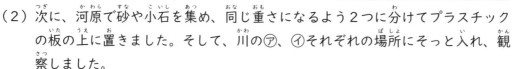

① 速い　　　② 遅い　　　③ しん食
④ 運ぱん　　⑤ たい積
⑥ ⑦　　　　⑦ ⑦

（2）次に、河原で砂や小石を集め、同じ重さになるよう2つに分けてプラスチックの板の上に置きました。そして、川の⑦、⑦それぞれの場所にそっと入れ、観察しました。

⑦の方に入れた砂や小石は、図のようになりました。では、⑦の方に入れた砂や小石は、どうなるでしょうか。最も近いと考えられるものを選びましょう。

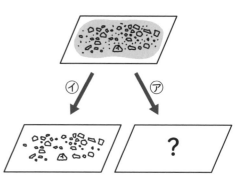

① 何も残らない
② ⑦と同じく小石だけ残る
③ 細かな砂だけ残る
④ 水中に入れる前とほぼ変わらない

例題解説

No. I

解答

（1）A：②　　B：④　　C：⑤　　D：①　　E：⑦
（2）④

解説

（1）基本の確認だよ。曲がっている川の内側は流れが遅いので、運ぱんされた石がたい積して河原を作る。対して、曲がっている川の外側は流れが速く、しん食の働きによって川辺をけずるよ。流れが速いと、川底もけずって深さが出るので、川の断面を見ると外側の方が深くなるんだ。

（2）砂や小石を乗せた板を外側の流れが速い方に入れたときは、小さな砂のつぶはほとんど流れて、小石が残る。では、内側のもっと流れがゆるやかな方に砂や小石を乗せた板を入れたとしたら、運ぱんする力は①よりも弱いため小石は残る。さらに①でも多少は砂のつぶが残ったことから、⑦ではさらに砂のつぶが残ると考えられる。最も近い答えは、「ほぼ変わらない」の④だね。

過去問チャレンジ！

問6 あやこさんは、ダムの近くの小さな川に行ったことを思い出しました。川の水
は冷たく、とう明できれいでした。川の中にはたくさんのサワガニがいました
が、家の近くの川であやこさんはサワガニを見たことがありません。
　あやこさんは、水のきれいさと水の中にすむ生物との間に関係があるのでは
ないかと考え、図書館で調べたところ、次の資料【水の中にすむ生物による
水質の判定方法】を見つけました。

【水の中にすむ生物による水質の判定方法】

　水の中にどのような生物がすんで
いるかを調べることによって、その
地点の水質を知ることができます。
このような判定に使う生物を「指標
生物」といいます。指標生物の分布
により、水質は右の表のように四つ
の階級に分けられます。

〈水質階級と主な指標生物〉

水質階級	指標生物
水質階級Ⅰ （きれいな水）	サワガニ、ヘビトンボ、ヒラ タカゲロウ類　など
水質階級Ⅱ （ややきれいな水）	ゲンジボタル、コオニヤンマ、 カワニナ　など
水質階級Ⅲ （きたない水）	ミズカマキリ、シマイシビル、 イソコツブムシ類　など
水質階級Ⅳ （とてもきたない水）	アメリカザリガニ、サカマ キガイ、エラミミズ　など

　あやこさんは、校外活動で学校の近くを流れている川の四つの地点Ⓐ〜Ⓓで、
水の中にすむ生物の調査を行いました。次の図は、調査を行った地点を簡単
に表したものです。

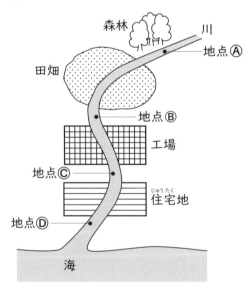

4

地球

地点Ⓐは最も上流に近く森林に囲まれていて、地点Ⓐと地点Ⓑの間には田畑が広がっていました。地点Ⓑと地点Ⓒの間には工場が分布していて、地点Ⓒと地点Ⓓの間には住宅地が見られました。

次の表は、地点Ⓐ～Ⓓで調査を行った結果をまとめたものです。表の中の〇は、指標生物が見つかったことを示し、●は、その地点で見つかった数が多い上位の2種類につけています。このとき、下の（1）・（2）に答えなさい。

水質階級	指標生物	地点Ⓐ	地点Ⓑ	地点Ⓒ	地点Ⓓ
水質階級Ⅰ （きれいな水）	サワガニ ヘビトンボ ヒラタカゲロウ類	● 〇 ●	〇 〇 〇		
水質階級Ⅱ （ややきれいな水）	ゲンジボタル コオニヤンマ カワニナ	 〇 〇	● ●	〇 ● ●	
水質階級Ⅲ （きたない水）	ミズカマキリ シマイシビル イソコツブムシ類		 〇 	 〇 〇	 〇 〇
水質階級Ⅳ （とてもきたない水）	アメリカザリガニ サカマキガイ エラミミズ				 ● ●

（1）この調査方法では、●を2点、〇を1点として、水質階級ごとに点数を合計し、合計点の最も大きい階級をその地点の水質階級と判定します。

次の文は、この方法を用いてあやこさんが地点Ⓑの水質を正しく判定した過程を説明したものです。文中の　あ　～　う　に当てはまる数字を書きなさい。また、　え　に当てはまる水質階級を、下のア～ウから一つ選び、その記号を書きなさい。

> 見つかった指標生物から、地点Ⓑの合計点を水質階級ごとに求めると、水質階級Ⅰは　あ　点、水質階級Ⅱは　い　点、水質階級Ⅲは　う　点、水質階級Ⅳは0点となり、　え　の合計点が最も大きくなった。この結果、地点Ⓑは　え　であると判定できる。

　　ア　水質階級Ⅰ　　イ　水質階級Ⅱ　　ウ　水質階級Ⅲ

（2）調査結果の表と川の状きょうから、地点Ⓓの水質の状きょうに大きなえいきょうをあたえているものは何だと考えられますか。調査を行った地点の水質の変化をもとにして書きなさい。

【太郎さんと先生の会話】

太郎さん：土砂災害について調べていたら資料を見つけました。これは何でしょうか。

先　　生：これは、砂防の写真ですね。砂防は土砂災害などを防止・軽減するために作られた防災設備のひとつです。

太郎さん：はじめて知りました。砂防を使うと、なぜ、土砂災害を防止したり、軽減したりすることができるのでしょうか。

先　　生：図3を見てください。これは、水量の少ない川に砂防が設けられている例です。通常時、川の水は、砂防と地面との間の小さなすき間や砂防に空いている穴を通り、流れています。そこに大雨が降って土砂くずれが起こり、流れてきた石や土砂などが図4のように堆積すると、水の流れが変化します。では、図3と比べ、水の流れはどのように変化すると思いますか。

太郎さん：図3に比べ、図4は石や土砂などが堆積したことによって、川の傾きが変化しますね。ということは、流れる水の量が同じなら、傾きの分、水の流れは　　E　　なると思います。

先　　生：そうですね。実は、水の流れが　　E　　なるもうひとつの理由があるのです。

太郎さん：石や土砂などのあいだに、川の水がしみこんでいくからですか。

先　　生：それもありますが、もっと大きな理由があります。図5をもとに考えてみてください。

太郎さん：石や土砂などが積もったことによって、　　　F　　　なっていますね。

先　　生：よいところに気がつきましたね。このような変化が起こることで、下流の地域で土砂災害の危険が増す前に、住民が避難する時間を稼ぐことができるのです。

太郎さん：なるほど。砂防は大変すぐれた機能を持っているのですね。

問4　【太郎さんと先生の会話】を見て、次の（1）、（2）に答えなさい。

（1）空らん　　E　　にあてはまる内容を3字以内で書きなさい。

（2）太郎さんは図5をもとに流れる川の水の量だけに注目した、砂防のない図6をつくりました。【太郎さんと先生の会話】の空らん　　　F　　　にあてはまる内容を、図5、図6を参考に10字以内で書きなさい。

資料　砂防

図3　横から見た通常時の川　　　　　　　　図4　石や土砂などが堆積した川

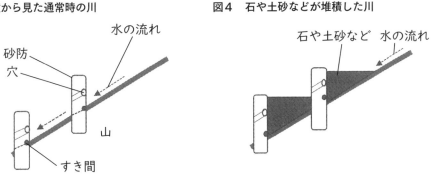

図5　図4の川を上流から見たようす（川の断面のようす）

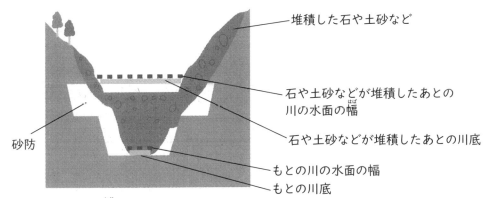

（資料は山陽建設工業株式会社、図3、図4、図5は国土交通省北陸地方整備局黒部河川事務所のウェブサイトをもとに作成）

図6　太郎さんが図5をもとに流れる川の水の量に注目した図

※1秒間に流れる川の水の量は同じとする。

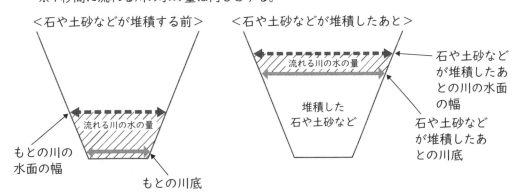

過去問チャレンジ解説

No. 1

[解答]

（1）あ：3　　い：4　　う：1　　え：イ

（2）[例] 地点Ⓒから◎の間で水質が大きく悪化している。そのため、地点Ⓒと◎
　　　の間にある住宅地からの生活はい水が地点◎の水質悪化に大きなえいきょ
　　　うをあたえていると考えられる。

[解説]

（1）●が2点で、○が1点だよ。

　　　【あ】は地点Bの水質階級Ⅰなので、○○○＝3点。

　　　【い】は地点Bの水質階級Ⅱなので、●●＝4点。

　　　【う】は地点Bの水質階級Ⅲなので、○＝1点

　　　【え】は【あ～う】の中で一番高い合計点の水質階級
　　　なので、【い】の水質階級Ⅱだね。選択肢は「イ」だよ。

> ひらがな、カタカナ、ローマ数字、アルファベットなど、いろいろ出てくる問題だから、混乱して書きまちがえないようにね。

水質階級	指標生物	地点Ⓐ	地点Ⓑ	地点Ⓒ	地点◎
水質階級Ⅰ （きれいな水）	サワガニ ヘビトンボ ヒラタカゲロウ類	● ○ ●	○ ○ ○		
水質階級Ⅱ （ややきれいな水）	ゲンジボタル コオニヤンマ カワニナ	 ○ ○	● ○ ●	○ ● ●	
水質階級Ⅲ （きたない水）	ミズカマキリ シマイシビル イソコツブムシ類		 ○ 	○ ○ ○	○ ○ ○
水質階級Ⅳ （とてもきたない水）	アメリカザリガニ サカマキガイ エラミミズ				 ● ●

（2）地点Cまでは「ややきれいな水」で見られる生物がいたのに、Dで急に「き
れいな水」「ややきれいな水」で見られる生物がまったく見られなくなってし
まったよ。つまり、CとDの間で何かが起きているということ。地図を見る
と住宅地があるので、そこから出る生活排水が水質に悪い影響をあたえてい
ることが予測できるよ。

　私たちが何気なく排水溝に流して
いるものを、生物が住めるレベル
の水にするためには大量の水が必
要なんだよ。たとえば、飲み残し
た牛乳200ml（コップ1杯）を捨
てたとしたら、お風呂の浴槽（300L）

> 飲み残した牛乳200ml（コップ1杯）に対し、お風呂の浴槽（300L）10杯以上の水でうすめないとコイやフナが棲める水質にならないんだ

4
地球

10杯以上の水でうすめないとコイやフナが棲める水質にならないんだ。おみそ汁やスープなど、たとえ少量でも環境にあたえる影響は大きいと覚えておいてね。

No.2

解答

（1）おそく

（2）川の水面の幅が広く

解説

（1）図4を見ると、石や土砂が堆積したことによって、流れが平らになっているところが生まれているよね。すべり台でイメージすると、わかりやすい。下り坂だけのすべり台だと、どんどんスピードアップしていくけど、途中に水平な場所がいくつかあると、そこでいったんスピードが落ちるよね。つまり、流れが「おそく」なるよ。3文字以内という条件にも気をつけよう。

図4　石や土砂などが堆積した川

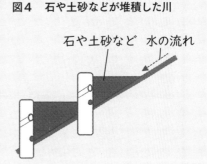

石や土砂など　水の流れ

（2）会話文によると、このような工夫によって、避難する時間がかせげるそうだよ。ということは、急激に水が流れるのではなく、ある程度は速度をおさえられるということだね。図6を見ると、もとの水面の幅と比べて、堆積したあとの幅は広がっているね。水のホースで考えてみよう。同じ水の量が流れるとき、ギュッとホースの口をせばめると勢いよく水が出るよね。つまり、せまいと水は勢いを増す＝水面の幅がせまいと勢いよく下流の地域に土砂とともに流れ込むということ。だから、あえて堆積を利用して幅を広くとって流れの勢いをおさえているんだ。

図5　図4の川を上流から見たようす（川の断面のようす）

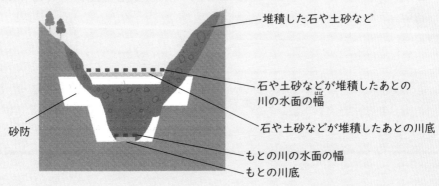

堆積した石や土砂など

石や土砂などが堆積したあとの
川の水面の幅

石や土砂などが堆積したあとの川底

砂防

もとの川の水面の幅

もとの川底

実験と誤差

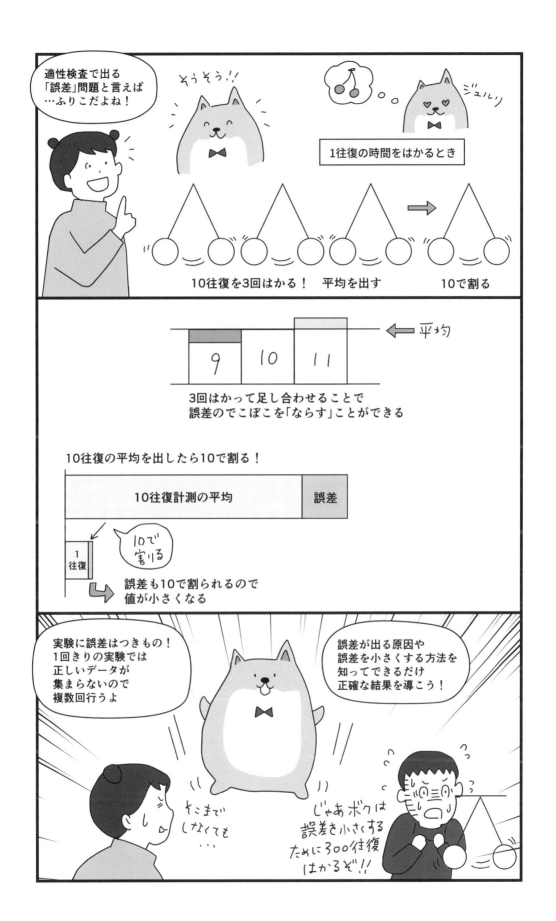

ケイティ

公立中高一貫校合格アドバイザー。1988年兵庫県生まれ。適性検査対策の情報を配信する「ケイティサロン」主宰。法政大学在学中に早稲田アカデミー講師として活動する中で、中学受験で親子関係が壊れていくケースや、進学後に燃え尽きて成績が低迷し、"進学校の深海魚"となるケースを多々見てきたことから、「合格をゴールにしないこと」を強く意識する。公立中高一貫校の黎明期である2007年からの講師経験を活かして対策範囲を全国に広げ、「ケイティサロン」には北海道から沖縄までメンバーが集まっている。1期生約180名、2期生約270名が卒業し、北は仙台二華から、南は沖縄開邦まで合格者を輩出。さらに1期、2期ともに都立の中高一貫校すべてにメンバーを送り出している。狭き門にも心を折られず、「受検してよかった」と笑顔で本番を終えられるよう、公立中高一貫校に挑む親子を日々サポートしている。著書に『公立中高一貫校 頻出ジャンル別はじめての適性検査「算数分野」問題集』『公立中高一貫校 頻出ジャンル別はじめての適性検査「社会分野」問題集』『公立中高一貫校合格バイブル』(実務教育出版)がある。

- 【適性検査対策！】ケイティの公立中高一貫校攻略ブログ
  http://katy-tekiseikensa.net/

- ケイティサロン(公立中高一貫校合格を目指す情報共有サロン)
  https://lounge.dmm.com/detail/2380/

装丁：山田和寛＋佐々木英子（nipponia）
本文デザイン：佐藤 純（アスラン編集スタジオ）
イラスト：吉村堂（アスラン編集スタジオ）

合格力アップ！
公立中高一貫校 頻出ジャンル別はじめての適性検査「理科分野」問題集

2023年 5 月 5 日　初版第 1 刷発行

著　者　ケイティ
発行者　小山隆之
発行所　株式会社 実務教育出版
　　　　〒163-8671　東京都新宿区新宿1-1-12
　　　　電話　03-3355-1812（編集）　03-3355-1951（販売）
　　　　振替　00160-0-78270

印刷／壮光舎印刷株式会社　　製本／東京美術紙工協業組合

合格力アップ！

公立中高一貫校
頻出ジャンル別はじめての適性検査
「理科分野」問題集

例題
＆
過去問チャレンジ
解答欄

実務教育出版

※取り外して、ご使用ください

例題解答欄

第1章 エネルギー

1．光の性質

No. 1

理由	

No. 2

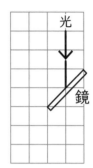 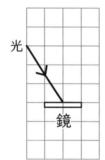 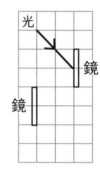

No. 3

①	
理由	

②	
理由	

2．磁石の性質

No. 1

答え	
理由	

No.2

①	方法	
	結果	
②	方法	
	結果	
③	方法	
	結果	

No.3

3. 回路と電流

No.1

Ⓑ ＋ － ＋ － [　]

Ⓒ ＋ － / ＋ － [　]

Ⓓ ＋ － － ＋ [　]

Ⓔ － ＋ [　]

No.2

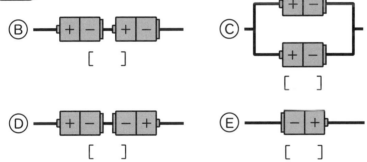

例

4. 電磁石の性質

No.1

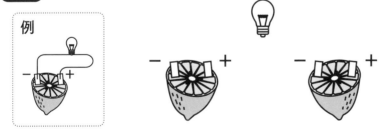

5．ふりこ

No.1

No.2

ふりこが1往復する時間に影響するものがどれか、調べることが
（　できる　・　できない　）

理由	

6．てこ

No.1

①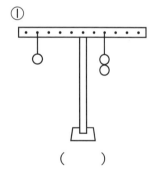

②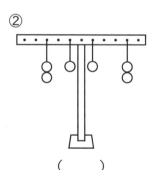

③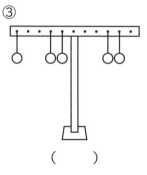

（　　　）　　　　　　（　　　）　　　　　　（　　　）

No.2

A		g
B		g

第2章 性質

1．体積と重さ

No. 1

①	A	B	C	D
②	A	B	C	D
③	A	B	C	D

No.2

①	②	③

2．熱による変化

No. 1

理由	

No.2

①	【　　　　　】
②	【　　　　　】 ➡ 【　　　　　　　】 ➡ 【　　　　　　　】

No.3

3．とかす

No. 1

No.2

4．燃やす

No. 1

No. 2

第3章 命

1．植物

No. 1

No. 2

予想と異なる結果になった理由

どうしなければいけなかったか

2．食物連鎖

No. 1

①	
②	
③	

No. 2

第4章 地球

1. 太陽と影

No. 1

(1)	①	②	③	④

(2)	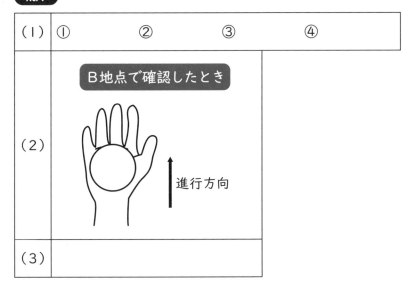

B地点で確認したとき

進行方向

(3)	

No. 2

2. 天気

No. 1

No. 2

①	②	③

3. 太陽と月

注意点	

4. 川

（1）	A	B	C	D	E
（2）					

第1章 エネルギー

1. 光の性質

No.1 2022年度山口県共通問題

①	明るさ		温度		
②					
③					

No.2 2018年度愛媛県共通問題

(1)	

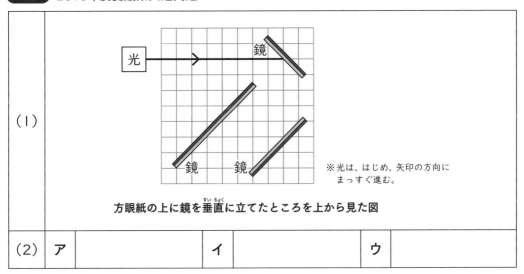

方眼紙の上に鏡を垂直に立てたところを上から見た図

※光は、はじめ、矢印の方向に　まっすぐ進む。

(2)	ア		イ		ウ	

2. 磁石の性質

No.1 2022年度高知県共通問題

No.2 2022年度青森県立三本木高等学校附属中学校

ア		イ	

３．回路と電流

No.1 2022年度宮城県古川黎明中学校

No.2 2022年度京都市立西京高等学校附属中学校

４．電磁石の性質

No.1 2022年度熊本県共通問題

問題1	（1）	式 答え（　　　　　）cm
	（2）	（　　　　　）と（　　　　　）
		理由
	（3）	【電磁石の力を強くするための条件】 ○かん電池２個を直列つなぎにする。 ○

５．ふりこ

No.1 2022年度仙台市立仙台青陵中等教育学校

1	（1）	秒
	（2）	倍
	（3）	m
	（4）	秒

10

問題1	グラフ	
	Y	
問題2		

6．てこ

No.1 2022年度川口市立高等学校附属中学校

問1	（1）							
	（2）							
問2			左うで			右うで			
	目盛りの数		6	1	2	3	4	5	6
	おもりの重さ（g）		20						
問3	C		D		E		F		

第2章 性質
1．体積と重さ

No.1 2019年度鹿児島市立鹿児島玉龍中学校

問8	
問9	選んだ記号　（　　　　　　）
	空気中で同じ重さの銅と鉄を水中にいれると

No.2 2022年度横浜市立南高等学校附属中学校

| 問題1 | （1） | g | （2） | ニュートン |

11

2．熱による変化

No. I 2022年度静岡県・沼津市共通問題

①	②

No.2 2021年度東京都立両国高等学校附属中学校

〔問題 I 〕	式	
	答	mm³
〔問題 2 〕		

3．とかす

No. I 2021年度茨城県共通問題

問題 1

方法：
理由：

問題 2

記号：			
うすい塩酸：	炭酸水：	石灰水：	食塩水：
アンモニア水：	水酸化ナトリウムの水よう液：		水：

問題 3

色が変化する理由：酸性とアルカリ性の液体が混ざり合うと、
液体を緑色にして処理する理由：

【表】 20℃の水の体積と、その水にとけるミョウバンの量の関係

問1	水の体積〔mL〕	0	50	100	150	200
	とけるミョウバンの量〔g〕					

とけるミョウバンの量〔g〕

( )
( )
( )
( )
( )
0

( ) ( ) ( ) ( )
水の体積〔mL〕

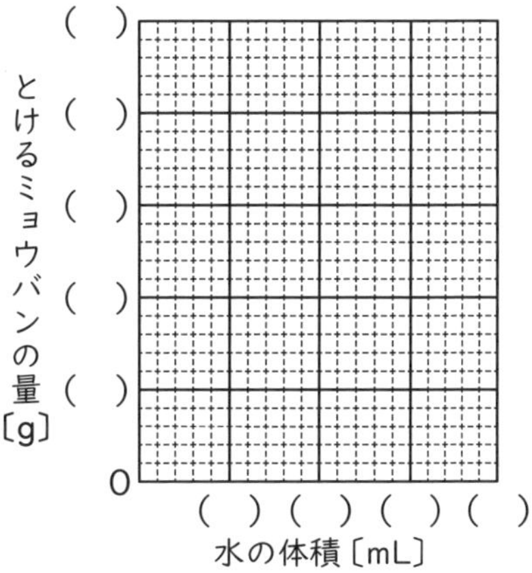

問2	（理由）

問3	％

問4	（過程）
	答え g

4. 燃やす

2	①	②
	③	

問1	

問2	〈集気びん ア〉と〈集気びん エ〉を比べると、 _____ _____ _____ _____ _____ _____ と考えられる。 _____

第3章 命 (いのち)

1. 植物 (しょくぶつ)

No. I 2022年度高知県共通問題 (ねんどこうちけんきょうつうもんだい)

問5	と	と

No.2 2022年度福島県共通問題（一部改変） (ねんどふくしまけんきょうつうもんだい　いちぶかいへん)

3	(2)	①	
		②	

2. 食物連鎖 (しょくもつれんさ)

No. I 2022年度徳島県共通問題 (ねんどとくしまけんきょうつうもんだい)

問3	
問4	

No.2 2022年度宮崎県共通問題 (ねんどみやざきけんきょうつうもんだい)

問い1	
問い2	

第4章 地球

1．太陽と影

No. 1 2022年度栃木県共通問題

	記号	〔理由〕
[問1]		

No.2 2022年度静岡県・沼津市共通問題

2．天気

No. 1 2022年度奈良県立青翔中学校

5	(1)	（古いもの）	→	→	（新しいもの）
	(2)				

No.2 2021年度徳島県共通問題

(問2)			
(問3)	方位		
	理由		

3．太陽と月

No. 1 2022年度山形県立東桜学館中学校

4	A		B	

No.2 2021年度奈良県立青翔中学校

④	(1)	
	(3)	←地平線 東　　　　南　　　　西
	(4)	
	(5)	〔月から見た地球の位置〕
		〔月から見た地球の形〕

4. 川

No.1 2022年度高知県共通問題

問6	(1)	あ	
		い	
		う	
		え	
	(2)		

No.2 2021年度さいたま市立浦和中学校

問4	(1)	3
	(2)	10